谨以此书纪念汪曾祺诞辰一百周年

流动的味道

汪曾祺食谱

王道 著

中原出版传媒集团
中原传媒股份公司

大象出版社
·郑州·

图书在版编目（CIP）数据

流动的味道：汪曾祺食谱／王道著.— 郑州：大
象出版社，2020.5
ISBN 978-7-5711-0565-5

Ⅰ.①流… Ⅱ.①王… Ⅲ.①饮食-文化-高邮
Ⅳ.①TS971.202.534

中国版本图书馆 CIP 数据核字（2020）第 033462 号

LIUDONG DE WEIDAO

流动的味道

汪曾祺食谱

王 道 著

出 版 人　王刘纯
责任编辑　司　雯
责任校对　安德华
装帧设计　王晶晶

出版发行　**大象出版社**（郑州市郑东新区祥盛街 27 号　邮政编码 450016）
　　　　　发行科　0371-63863551　总编室　0371-65597936
网　　址　www.daxiang.cn
印　　刷　北京汇林印务有限公司
经　　销　各地新华书店经销
开　　本　720 mm×1020 mm　1/16
印　　张　18.5
字　　数　223 千字
版　　次　2020 年 5 月第 1 版　2020 年 5 月第 1 次印刷
定　　价　49.00 元
若发现印、装质量问题，影响阅读，请与承印厂联系调换。
印厂地址　北京市大兴区黄村镇南六环磁各庄立交桥南 200 米（中轴路东侧）
邮政编码　102600　　　　　电话　010-61264834

目录

读食滋味

《受戒》里的荸荠

在南方，荸荠是一种常见的蔬果。是的，有时你很难区分它是蔬菜还是水果。

我在扬州的东关街上，曾见摊贩现场煮刮了皮的荸荠，老远就闻到一股清甜味儿，雪白的荸荠肉煮得微微泛黄，看上去像是涂了一层淡淡的蜂蜜，很是诱人呢！

在我老家，在那条著名的副食品一条街天蓬街上，每当寒冬腊月，也会出现几家现煮现卖去了皮的甜荸荠。买回来一碗，大家分享，老少咸宜，润肺止咳，清热去火，真是一味天然的药食兼用的小吃。

近日在扬州淘旧书，一本《扬州农业名特产》映入眼帘，烫金的大字，版画形式的瘦西湖景致，一看就是 80 年代初的产物。翻看内容，"界首荸荠"赫然在列。界首是高邮下辖的一个小镇，出产美食众多，如五香茶干，如红烧软兜等。没想到这里的荸荠也是数一数二的。

视线忽然就被拉到了前不久去过的界首芦苇荡。茂密的芦苇荡里，据说曾发生过《受戒》里的情节，也就是小英子摇着船儿载着明海驶向芦花深处，"野菱角开着四瓣的小白花。惊起一只青桩（一种水鸟），擦着芦穗，扑鲁鲁飞远了"。

故事戛然而止，真是再适合不过的结尾了。

汪曾祺在那篇著名的小说《受戒》里用了一个非常美好的地名：荸荠庵。

荸荠庵的地势很好，在一片高地上。这一带就数这片地势高，当初建庵的人很会选地方。门前是一条河。门外是一片很大的打谷场。三面都是高大的柳树。山门里是一个穿堂。迎门供着弥勒佛。不知是哪一位名士撰写了一副对联：

大肚能容容天下难容之事
开颜一笑笑世间可笑之人

荸荠庵的原型地我是去过的。小说里的庵赵庄是真实存在的，下了车步行在田间地头，有小河小桥相伴，麦浪金黄，令人心旷神怡。

荸荠庵原型地名叫"慧园庵"，的确不大，小小的门头，小小的院落，小小的殿堂，而且就坐落在一片高地之上。我记得有句老话说，乡村里自古都是把最好的一块地让给神明，用来建造寺庙。

《受戒》里写道：

庵，是因为有一个庵。庵叫菩提庵，可是大家叫讹了，叫成荸荠庵。连庵里的和尚也这样叫。"宝刹何处？"——"荸荠庵。"庵本来是住尼姑的。"和尚庙""尼姑庵"嘛。可是荸荠庵住的是和尚。也许因为荸荠庵不大，大者为庙，小者为庵。

　　"慧园庵"建于乾隆年间，毁于民国。据说有过尼姑也有过和尚。如今是和尚主持事务。当家的智隆法师今年 86 岁，耳聪目明，坐在厨房里和大家谈家常。汪曾祺之子汪朗先生与之闲聊着生活种种，因为法师没穿僧服，而且戴着眼镜，使得大家觉得他们是一对久别重逢的同乡好友。

　　厨房里有锅灶、饭桌。桌上放着暖水壶、豆瓣酱和用塑料镂空小筐扣着的饭菜。院里则晒着青蚕豆，墙边的农具一应俱全。这是一个非专职的和尚。正如汪曾祺当年写的那样，和尚也可以是一种兼职。

　　法师后来穿上了僧服，顿时显得庄严许多。法师说，什么是佛，佛就是善。大家围着法师问长问短，问起有关汪曾祺的种种传说。据说，这里曾留下过汪曾祺避难时的青涩情感，说不明白的。正如汪曾祺说过小说的写法，弄不明白的才是小说要表达的，或许作者本人也没有弄明白。

　　小英子的家紧挨着荸荠庵，"他们家自己有田，本来够吃的了，又租种了庵上的十亩田，自己的田里，一亩种了荸荠，——这一半是小英子的主意，她爱吃荸荠，一亩种了茨菇"。

　　荸荠有什么好吃的呢？我新得的农产品书里写着呢："界首荸荠是我国几个主要荸荠品种之一。因其原产于高邮界首而得名，亦简称为界荠，主要分布于里下河的高邮、宝应、盐城等地。"

　　书里还介绍说，界首的荸荠与苏州一带的荸荠有所区别。界荠皮色红黑，皮较厚，口感稍粗老，渣滓略偏多，但抗逆性强，耐储藏，则是苏荠所不及。

　　界首荸荠可作水果，又可作蔬菜，生吃、炒食、煮食均可以。早期还能做成罐头或是加工成蜜饯、淀粉，酿酒、造饴糖、做粉丝等。

荸荠一般生长在洼田地带，收获的季节都是在寒冬里，新鲜的荸荠甘甜可口，可以说香甜不逊于鸭梨。想必小英子就是爱吃新收获的荸荠。来看看她是怎么收荸荠的：

> "捶"荸荠，这是小英子最爱干的生活。秋天过去了，地净场光，荸荠的叶子枯了，——荸荠的笔直的小葱一样的圆叶子里是一格一格的，用手一捋，哔哔地响，小英子最爱捋着玩，——荸荠藏在烂泥里。赤了脚，在凉浸浸滑溜溜的泥里踩着，——哎，一个硬疙瘩！伸手下去，一个红紫红紫的荸荠。她自己爱干这生活，还拉了明子一起去。她老是故意用自己的光脚去踩明子的脚。
>
> 她挎着一篮子荸荠回去了，在柔软的田埂上留了一串脚印。明海看着她的脚印，傻了。……

在读着这一小节的时候，我一直有个小小的疑问，那就是《受戒》里为什么选择了荸荠？高邮有的是水鲜物产，茨菇、莲藕、菱角、芡实、莼菜等等。为什么偏偏是荸荠呢？

我想除了"荸荠"与"菩提"音相近，更多的是为接下来的人物情节设置伏笔。譬如要写到挖荸荠，请问有哪一种水生植物能够如此拉近两人的距离？我想了一下其他的物种，好像统统都不能实现，唯有荸荠可以这样玩、可以如此巧妙地设置情节。我私底下怀疑，汪曾祺对荸荠是有着偏爱的，估计还很喜欢吃。

我记得汪曾祺在《林斤澜的矮凳桥》中"幔"的一节中

写道：

　　写性，有几种方法。一种是赤裸裸地描写性行为，往丑里写。一种办法是避开正面描写，用隐喻，目的是引起读者对于性行为的诗意的、美的联想。孙犁写的一个碧绿的蝈蝈爬在白色的瓠子花上，就用的是这种办法。还有一种办法，就是林斤澜所用的办法，是把性象征化起来。他写的好像全然与性无关，但是读起来又会引起读者隐隐约约的生理感觉。

　　也就是在踩荸荠的那天的接触中，准小和尚憨憨的明海的心被彻底搞乱了，他的凡心醒了。荸荠，一个寓意多么好的水生植物！

　　记得里下河派的作家毕飞宇也曾就成名作《玉米》这个小说名字做过诠释，为什么不是小麦、大豆、水稻、高粱、小米、芝麻或是绿豆、蚕豆之类的，偏偏是玉米呢？那是因为"玉米"太恰当了，无可替代。文学选择的唯一标准就是恰当。

　　荸荠出淤泥而不染，轻轻剥去乌紫的外皮，就会露出洁白无瑕的果肉。苏州有谚："荸荠风干味更甜。"鲁迅就喜欢吃家乡的荸荠，许广平经常把荸荠风干了给鲁迅留着当零食吃。这一点萧红多有记述。

　　而周作人则把荸荠当成"粗水果"吃，"荸荠自然最好是生吃，嫩的皮色黑中带红，漆器中有一种名叫'荸荠红'的颜色，比得恰好，这种荸荠吃起来顶好，说它多甜并不见得，但自有特殊的质朴新鲜的味道，与浓厚的珍果是别一路的"。周作人曾在一首小诗里描写小女孩儿："小辫朝天红线扎，分明一只小荸荠。"

荸荠古名有"凫茈"，陆游在《野饮》中咏荸荠："溪桥有孤店，村酒亦可酌，凫茈小甑炊，丹柿青篯络。"

在南方，荸荠一般叫马蹄，是水八仙之意，过年时大家都爱吃，尤其是在蒸饭时，埋入几粒荸荠，寓意"埋元宝"，看看新春谁有福气"掘宝"。荸荠蒸肉饼、荸荠焖羊腩、荸荠雪梨银耳羹等无不是利用荸荠的清香甘甜提高菜肴的鲜味。

衡量扬州代表菜肴狮子头做法正宗与否的标准之一，我以为就是看其中有没有放入荸荠或是放得是否恰当。

荸荠的别名太多了，马蹄、蒲荠、荠子、果子、乌芋、地栗、马荠等，而且品种也不少，仅在绍兴就有大红袍和紫乌皮两种。可见，荸荠实在是太耐解读了，引发着人们食欲的同时还能引发着人们无穷的想象力。

衡量一篇作品的成功与否，就是看它能否经得住解读。这话是汪老半个老乡毕飞宇说的。

《八千岁》：饽饽的味道

"饽饽"这个词不知道多少次出现在京味小说、北平掌故和美食书里了，但我似乎还没有正经八百地尝过一次饽饽的味道。

饽饽到底是什么呢？

说白了，就是老北京的一些点心。那么老北京的点心多来自哪里呢？无非就是一个指向，那就是皇宫的御膳房。

这次来京与友人梅子酒一起聚餐时，她一再向我们推荐了一家饽饽铺，说一定要去尝尝，有点下午茶的感觉。

先说说我对饽饽的印象吧。最早在唐鲁孙、周绍良、梁实秋、王世襄等人的美食书里读到过，反正就是始于满族的面制品，后来渐渐成为皇家的点心。说清朝倒台后，还有御厨出来单干卖饽饽，民国时曾兴盛过一段时日，而且生意还相当不错。但饽饽到底是什么味道？又有哪些品种？我还是一头雾水。

有一次我偶然读到了汪曾祺的小说《八千岁》，讲述了一个吝啬的商人八千岁被敲竹杠的过程，其实也是一段乱世时期人情社会的反照。在物质精神双贫乏的时期，以吃喝之道来反映社会百态，真是再合适不过了。小说里面就提到八舅太爷敲了八千岁的竹杠后，要大办酒席，其中筵席上就有饽饽：

　　八舅太爷要办满汉全席的消息传遍全城，大家都很感兴趣，因为这是多年没有的事了。

　　八千岁证实这消息可靠，因为办席的就是他的紧邻赵厨房。赵厨房到他的米店买糯米，他知道这是做火腿烧麦馅子用的；还买香粳米，这他就不解了。问赵厨房："这满汉全席还上稀粥？"赵厨房说："满汉全席实际上满点汉菜，除了烧烤，有好几道满洲饽饽，还要上几道粥，旗人讲究喝粥、莲子粥、薏米粥、芸豆粥……""有多少道菜？"——"可多可少，八舅太爷这回是一百二十道。"——"啊？！"——"你没事过来瞧瞧。"

　　汪曾祺在小说里写赵厨师不叫厨师，却称"赵厨房"。这一点使我想到了御膳房，我就怀疑，赵厨房可能是在御膳房待过，或是御厨的后代。清代衰亡后，一些精明人士与退居宫外的御厨合作开起了饽饽铺，一些昔日的王公贵族或是皇族后裔还是有这样的需求。于是带动了社会化的消费，饽饽铺的生意日渐红火。北京现在有名的饽饽铺"富华斋"大厅里就悬挂着清末宫廷御厨陈光寿的老照片，似乎以证实其口味传统和制法正统。

　　"满汉全席"这个词相信我们很多人都听说过，但却没有机会吃过。按照唐鲁孙的说法，其实皇家很少有制作这种大席面的机会，至于影视剧和文学作品里的说法则多属于夸张。但满族出身的皇帝爱吃饽饽却倒是事实，汪曾祺在小说里说"满点汉菜"也是事实，满族人早期还是游牧民族，除了烧烤和乱炖，要说有什么精细的菜肴肯定不符合逻辑。但在歇脚之余，利用马奶、牛奶、干果、豆类等做一点可口的点心调剂胃口，我相信是可以实现的。因此，满族做点心的习惯被带进宫廷后，肯定会更加讲究和精细化，甚至具有一定的仪式感。须知清朝皇帝祭天时摆供都有一张桌叫作"饽饽桌子"，具体尺寸都有一定的规范。

再来看看汪曾祺怎么写"赵厨房"的：

> 八千岁隔壁这家厨房姓赵，人称赵厨房，连开厨房的也被人叫做赵厨房，——不叫赵厨子却叫赵厨房，有点不合文法。赵厨房的手艺很好，能做满汉全席。这满汉全席前清时也只有接官送官时才用，入了民国，再也没有人来订，赵厨房祖传的一套五福拱寿油红彩的满堂红的细瓷器皿，已经锁在箱子里好多年了。

赵厨房不只是在称呼上与别的厨子不一样，就连家里藏的宝贝也不一般呢，以我之见，那就是皇宫御膳房御用的官窑器皿。须知，饽饽都属于细点，当然不可能用粗陋的器皿盛放，大的小的，方的圆的，甜的咸的，甚至常温的或是冰的（清代有冰窖），都可能会分开来摆放。

读汪曾祺的作品，饽饽在他作品里出现过多次，如《晚饭花集》中的《三姊妹出嫁》：

> 皮匠的脸上有几颗麻子，一街人都叫他麻皮匠。他在东街的"乾陞和"茶食店廊檐下摆一副皮匠担子。"乾陞和"的门面很宽大，除了一个柜台，两边竖着的两块碎白石底子堆刻黑漆大字的木牌——一块写着"应时糕点"，一块写着"满汉饽饽"。这之外，没有什么东西，放一副皮匠担子一点不碍事。麻皮匠每天一早，"乾陞和"才开了门，

就拿起一把长柄的笤帚把店堂打扫干净，然后就在"满汉饽饽"下面支起担子，开始绱鞋。

看了这段细节，我有个疑问，这个地方是高邮还是旧京？其实不管哪里，小说本身就是一种虚构作品。从中可见，汪曾祺是把一般糕点与"满汉饽饽"严格区分开的。此时，那块"满汉饽饽"的招牌在民国时空里飘荡着来去，似乎隐喻着什么，更是时不时提醒人们，现在，即小说里的时间点是什么时代。

按照友人的指点，我们一行三人在入伏那天顺利抵达护国寺街的"富华斋"。据说香港著名美食家蔡澜曾慕名前来尝鲜过。店铺不大，与星巴克为邻，来往多外地游客。招牌讲究且显眼，进门即见一派皇家用色的布置，显眼的墙壁上挂着御厨陈光寿的大照片（我怀疑当年招御厨也是要面试的，此人气质不凡）。店内不大，对门就是大柜台，台上摆放着被玻璃罩罩起来的各式点心，看上去像是真的，有的酥皮上还盖着红印，都很诱人。

八仙桌、罗汉榻、明清式样座椅、宫廷风格的金黄帷帐、中堂字画、名人赵珩的书法题词……店内播放着老相声的片段，一听就是老唱片的那种，丝丝拉拉的杂音倒是丰富了年代感。开放式的厨房一览无余，可以边等待边看后厨制作点心。

店内服务不错，上来先倒柠檬水，沁凉解渴。接着是手卷毛巾，可以擦拭手脸，可能有些点心可以直接抓着吃。然后又端上来一碟刀叉勺子，彩绘玫瑰花瓷把的，一看就是西式下午茶的那种餐具。

看菜单后直接到柜台点单，凭着感觉点了几种点心和饮品：如意芸豆卷、玫瑰栗蓉酥、自来红、宫廷牛舌饼、杏仁豆腐、奶酪果子冰等，说试试看，哪一种好吃就打包回去馈赠亲朋。

因为事先朋友提醒，说一种名称拗口的"孙尼额芬白糕"不要点，不好吃。其实口味这东西，仁者见仁，智者见智，只是我们常常太依赖过去的经验，就像是我们出去吃饭完全依赖上了"大众点评"。我想在汪曾祺先生四处觅食的年代，喜好完全是靠着一路吃出来的，正如同他老先生说过：我们的口味要杂一点，酸甜苦辣咸都要尝一尝。

服务员端上来糕点之后，还特地提醒我们，先吃哪个后吃哪个，大概是因为怕口感冲击了。其实也没有必要提醒，现在人吃东西哪还有什么章法，完全是凭感觉。真要是说有先后次序，那就应该一道道上来，就跟法餐似的。或者就像陆文夫说的，菜是一道道上的，有节奏的，而不是一呼隆上来。

友人先吃了奶酪果子冰，说不好吃，有点怪酸味儿。我想大概就是奶酪的味道，反正连榴梿都喜欢吃的我，挺喜欢这种怪酸味儿，你说它有点像是坏菜的味道也可以，但上面毕竟还有点果香和鲜薄荷味儿。我不嫌弃。

所有的点心都用镶金边的珐琅彩精制碗碟盛着，有的点心看上去简直像是工艺品。如：如意芸豆卷，像玉如意一样的细腻造型，内里有两种馅料，一边是桂花炒芝麻末，一边是山楂肉，吃起来酸甜夹杂，口味丰富，外面的白豆沙糕也很好吃，入口即化。

吃到这一味糕点，我就想到了汪曾祺在《食豆饮水斋闲笔》中写的内容：

> 北京小饭铺里过去有芸豆粥卖，是白芸豆。芸豆粥粥汁甚黏，好像勾了芡。
>
> 芸豆卷和豌豆黄一样，也是"宫廷小吃"。白芸豆煮成沙，

入糖，制为小卷。过去北海漪澜堂茶馆里有卖，现在不知还有没有。

如今，北海的漪澜堂茶馆恐怕早不在了，而芸豆卷还能吃到实属幸事，只是口味与旧味相差多少，也就不得而知了。我看到在店里有人把芸豆卷配着豌豆黄一起吃，想必是很好的搭配。

汪曾祺对豌豆黄也有过描述：

> 北京以豌豆制成的食品，最有名的是"豌豆黄"。这东西其实制法很简单，豌豆熬烂，去皮，澄出细沙，加少量白糖，摊开压扁，切成 5 寸 × 3 寸的长方块，再加刀割出四方小块，分而不离，以牙签扎取而食。据说这是"宫廷小吃"，过去是小饭铺里都卖的，很便宜，现在只仿膳这样的大餐馆里有了，而且卖得很贵。

豌豆黄滋味如何？我想沙甜是可能的，而我一看到"宫廷小吃"却不免想到了一个小品《如此包装》，里面普通的萝卜经包装就成了"群英荟萃"，至于滋味如何不管，至少档次和价格上去了。所以在民间小吃和宫廷小吃之间，我常常会偏心于前者，因为它至少是货真价实的，而不用担心故弄玄虚。

接着我们吃了玫瑰栗蓉酥，非常酥，糕点的外皮可以一层层地剥落下来，薄如蝉翼。正好我们看到后厨在精心制作这种酥饼，颇为用心，玫瑰的淡香味证明它的确是真正的花瓣末制成的。

"自来红"则有点像是五仁月饼，干果仁、青红丝、冰糖等都有，友人笑谈这是提前过中秋节啊。不过话说再过月余月饼就上市了。小时候常盼着过中秋节，就想着吃一点口味丰富的月饼。而对于皇家来说，吃月饼则是天天都存在的普通事。

宫廷牛舌饼是咸的！是的，不是所有的点心都是甜的，这味酥饼的咸度正好，不会像北方的菜肴那么重口味，但也不至于像南方的那种甜头。

吃点杏仁豆腐吧，白色豆腐加牛奶而成的凝结体上撒着花酱，还有山楂粒、杏仁瓣，拿小勺慢慢舀一勺含在嘴里，像豆腐脑，但比豆腐脑更细腻，各种口味交织在一起像是孩童时期吃到的果冻，有一种淡淡的温馨情绪冒了出来。

想到了马尔克斯在《霍乱时期的爱情》里的开头："不可避免，苦杏仁的气味总是让他想起爱情受阻后的命运。"

可能是我们还没有吃下午茶的习惯所致，三个人点的四五样点心竟还有剩余。友人说甜，还是感觉稍微有点腻，并笑称北方人这么喜欢甜，一定是因为平时吃得太咸了。我想象的却是，在早期糖果还是奢侈品，能吃到比较甜的点心当然就是开心的事了。

当我们准备带点什么回去时，友人选了如意芸豆卷，但是店家提醒我们说，这种点心一定要在一小时内吃掉，平时则要冷藏。最后我们只能空手而归。

谈不上好吃，但也谈不上不好吃。

看周绍良《谈饽饽》一文，最后也没把"饽饽"是什么说出来。只是说语出满族人，且是"旧时旗礼"，说《红楼梦》里就出现过这个词，还说满族人婚丧大事都有"桌张旧制"，"桌张"就是"饽饽"。而早期的糕点铺统称为"饽饽铺"，奶酪、杏仁茶、茶汤等都算是"饽饽"。

唐鲁孙的说法则是，北京饽饽从元朝时就有了，那时候皇城祭天祭神都用牛油做的饽饽，后来延至明清有所调整。到了满人执政时则又添加了萨其马、勒特条、脆麻花等。还说用五年以上的陈猪油制作的饽饽，如萨其马可以存放两月（夏天）至半年（冬季）不变质。为此唐鲁孙到了台湾还做过试验呢。

会做饭菜的王世襄有段时间对饽饽的质量意见很大：

> 北京的中式糕点，六十年代以来真是每况愈下。开始是干而不酥，后来发展到硬不可当，而且东西南北城所售几乎都一样，似一手所制。因此社会上流传着一个笑话：汽车把桃酥轧进了沥青马路，用棍子去撬，没有撬动，棍子却折了。幸亏也买了中果条，用它一撬，桃酥出来了。这未免有些夸张，不过点心确实够硬的，吃起来不留神，很可能硌疼了上膛。

当然，后来饽饽铺在改革开放后是大有改观了，为此王世襄还曾赋诗表扬过呢："卅载提防，糕硬常愁伤我颚！四斋荟萃，饼酥又喜快吾颐。"

周作人对于北京饽饽也有过意见，他在《北京的茶食》里说：

> 北京建都已有五百余年之久，论理于衣食住方面应有多少精微的造就，但实际似乎并不如此，即以茶食而论，就不曾知道什么特殊的有滋味的东西。固然我们对于北京的情形不甚熟习，只是随便撞进一家饽饽铺里去买一点来吃，但是就撞过的经验来说，总没有很好吃的点心买到

过……我在北京彷徨了十年，终未曾吃到好点心。

后来针对人们拿饽饽就饮茶的现象，周作人在《喝茶》中也有个人意见发表：

> 中国喝茶时多吃瓜子，我觉得不很适宜，喝茶时可吃的东西应当是清淡的"茶食"。中国的茶食却变了"满汉饽饽"，其性质与"阿阿兜"相差无几；不是喝茶时所吃的东西了。

"阿阿兜"是什么意思呢？这里指的是外国人下午茶配的点心，无非是一些奶油制品，蛋糕、奶酪，这与一些含有牛奶和脂肪的饽饽相差无几。因此我猜测，宫廷饽饽之所以后来演变成为精致的点心，或许就是因为皇家也有爱好下午茶习惯的人。

再回到汪曾祺的小说《八千岁》，汪老笔下的"八千岁"不喝酒、不抽烟、不打牌、不看戏，几乎没有任何个人爱好，但还是喜欢一样，就是喝茶，而且是"吃晚茶"。"晚茶"有麻团、油墩子、干拌面等佐茶，只是八千岁不要这些，只要两个含有一点油脂的草炉烧饼，喝的茶也是拿茶叶梗子泡的酽茶……只这一点，就可以使我把小说里做饽饽这一节与他相联系起来。八千岁内心里是向往着吃饽饽的，可是他的吝啬本性又使他望而却步。我相信在八舅太爷的宴席上，八千岁恐怕会狠狠吃上几个精细的饽饽。从小说的精彩结尾看，到了再一次喝晚茶的时候：

是晚茶的时候，儿子又给他拿了两个草炉烧饼来，八千岁把烧饼往账桌上一拍，大声说：

"给我去叫一碗三鲜面！"

我相信一改旧貌的"八千岁"已经开始喜欢上饽饽就饮茶了。要精细的饽饽，要上好的茶叶，要上等的服务，要宫廷糕点玫瑰饼，要果子干，要马奶子糖沾，要苏子茶食，要葡萄酥饼，要枣泥饼，要西瓜酪，要驴打滚，要孙尼额芬白糕……

王二的秘方：红曲

　　前两天在苏州小无隐茶馆做读书会，一帮吃货们大谈吃喝之道。会上，老饕耿明说了苏帮菜的渊源，其中提及，松鼠鳜鱼不能拿番茄汁浇，而是拿红曲上色的。由此，我想到了苏州另一味代表菜肴——樱桃肉。一盘切成麻将牌大的正方形的烧肉，外皮是大红色的，油亮的红，喜气的红，是办喜事必有的一道菜。

　　这么红的肉色，一定是上了色素，须知酱油色没有这么红，番茄酱更不是这种红。这是一种均匀的红，一种细腻的红，一种不可思议的红。错了，色素的红没有这么自然，更没有这么顺眼。这种如同天生长出来的红，叫作红曲。

　　前段时间我去高邮汪曾祺故居，见到了二子蒲包肉的摊点，小说《异秉》熏烧摊的原型。我就想到了王二店里的牛肉，想到了牛肉上诱人的红曲，来看看汪曾祺是怎么写的：

　　　　他（作者注：王二）把板凳支好，长板放平，玻璃匣子排开。这些玻璃匣子里装的是黑瓜子、白瓜子、盐炒豌豆、油炸豌豆、兰花豆、五香花生米，长板的一头摆开"熏烧"。"熏烧"除回卤豆腐干之外，主要是牛肉、蒲包肉和猪头肉。这地方一般人家是不大吃牛肉的。吃，也极少红烧、清炖，只是到熏烧摊子去买。这种牛肉是五香加盐煮好，外面染了通红的红曲，一大块一大块的堆在那里。

这段描写，又让我想到了老家的五香牛肉，县城回民街上卖的。和高邮的旧俗一样，我们老家使唤牛耕地、运输，因此平时不大吃牛肉，一般多以吃猪肉和鸡肉为主。只有逢年过节时才会想到吃牛肉，去回民街买，都说那里的卤牛肉好吃，好像其他地方也没有卖卤牛肉的。牛肉卤好了，一堆堆码在台子上，老远看上去像一小面红墙似的，买的时候排队，老板随手拿起一块问，这个行吗？嫌大？好，换一块小的。其实都差不多大小。称好分量后，问切否，切，好。上砧板一片片切得很匀称，老板有时会随手拎起一块给顾客尝尝。香，真香，满口的香，上了红曲的牛肉真是太诱人了。小时候不懂什么是红曲，就觉得好看，好看就等于好吃了。

红曲到底是什么呢？

准确地说，就是大米的微生物发酵制品之一，一种安全且具有一定保健作用的食品添加剂。与化学色素不同的是，它的作用不只是用来上色，而且可以用来调味。很多食品都会用到红曲，苏州酱鸭、酱方、定胜糕、玫瑰腐乳等都会用到红曲。

红曲是从哪里来的？

红曲是一种菌种，一种有益的霉菌，也是一味中药，可以拿来酿酒，也可以拿来做菜。科学地说，它是将红曲霉接种在稻米上，培养而成的。据说这是宋代的一个伟大的发现，中国也是世界上第一个发现红曲可以食用的国家。

中国是红曲的故乡，而苏州更是将红曲运用到极致的地区，三餐不缺，四时不断。

　　曾致力于传统苏帮菜恢复的"吴门人家"掌门人沙佩智女士曾写过一篇《从红曲透视苏州菜养生的内涵》，可谓是从科学的角度系统讲解了红曲运用到苏帮菜的营养价值。

　　中国烹饪协会美食营养专业委员会委员赵霖教授说，乾隆皇帝是中国皇帝中最长寿者，这与他喜欢吃苏州菜可能有很大的关系。

　　乾隆有多喜欢吃苏州菜呢？苏州有个厨师叫张东官，有一次乾隆南巡时吃到了他做的菜，一下子就上瘾了，把张东官带回北京，封为御膳房的总厨。张东官在御膳房一待就是二十年，乾隆就连东巡或去避暑山庄时都要带着他，有人说这个人控制了乾隆的味蕾二十年，此说法也不为过吧。张东官做的苏造肉、烧鸭子至今还在流传。后张东官因年长请求退休回乡，乾隆放他走的同时还要求再选二十个年轻的苏帮菜厨师进宫来。

　　红曲有什么功效呢？

　　据说可以治消化不良，去三焦湿热，降血压，降血脂等。我以为，其中一项非常重要，那就是治消化不良。现在很多人稍微吃多点，或者肠胃受凉就会出现消化不良，胃动力不足。因此有一味胃药"吗丁啉"非常畅销。

　　有了红曲的相助，菜肴会更显鲜美，而且消化也不再是问题，真是一举两得。

　　借着红曲的问题，我曾与北京一位编辑聊到苏州园林出人才，譬如世界级的建筑设计师贝聿铭先生，他自小在苏州长大，特别爱吃苏帮菜，酱鸭、樱桃肉等。他的弟媳说他在美国吃不到，用了"作孽"二字形容他在口味上的固执。但他少年时毕竟受到过苏州菜的滋养，甚至可能会影响到他一生的饮食习惯。贝聿铭于2019年5月份去世，享年102岁。

　　这里引述沙佩智女士记录的故宫博物院专家周京南的话："你们苏州人为什么能做精细活？为什么出现经典的东西？这与你们每天所吃的东西有关系。因为你们每天吃得精细，吃水八仙，水中生物都属阴性，所以性格沉稳，才能做细活，读得好书，出得了状元，如果每天吃麻辣、烧烤，热血沸腾，性格就急躁，如果像你们苏州人一样生活就难了。"

　　苏帮菜之所以一再坚持用红曲吊色，显然是一种细节的表现，想想看，一块樱桃肉不只是具有时令的限制，更要在火候上下足功夫（炭火中焐七八个小时）。红曲上色可谓是锦上添花，那种红艳艳的颜色，使人首先在视觉上打开了胃口，继而在味蕾上开出了花。

　　继续读汪曾祺的《异秉》：

　　　　这地方人没有自己家里做羊肉的，都是从熏烧摊上买。只有一种吃法：带皮白煮，冻实，切片，加青蒜、辣椒糊，还有一把必不可少的胡萝卜丝（据说这是最能解膻气的）。

　　　　酱油、醋，买回来自己加。兔肉，也像牛肉似的加盐和五香煮，染了通红的红曲。

　　遥想在那个尚不知添加剂为何物的年代，王二家却善于把红曲运用到招牌食物上，通红通红的牛肉，红通通的兔肉，我相信还可能有其他食物会被如此巧妙搭色增鲜，在那条古老的街巷里该是如何显眼和诱人？

　　王二不只是个高明的厨师，我以为他还是一个隐于民间的美学家。尽管他本身也不知道美学是什么，但从他单纯的匠人精神中可以看出他对美是有追求的，至少食物第一眼看上去要美，就像是一朵花儿、一位好看的姑娘，美好的事物总会使人眼前一亮。食物是什么？或者说，美食是什么？是果腹之物，但也是一种积极的希望。试想每天吃着一堆烂兮兮、味同嚼蜡的食物恐怕对生活也提不起什么精神。如果换作是一包红通通的牛肉、酱鸭，那生活里也就有了亮色，有了奔头。

王二是一个对卤菜美学有所追求的厨子。这也是他的"异秉"所在。用周星驰的话说，做人若是没有点理想，那和咸鱼有什么区别呢？

至于说红曲保健的事情那是科学领域或营养学的事情，王二不管这些，但追求一点美学的他，无意中却获得了良性的报应，那就是美的东西势必会带来美的享受，精神与物质的双丰收，何乐而不为呢？

因此汪曾祺在小说里也提到很多人怂恿着王二"现身说法"，什么是他身上的天赋异秉？

王二不解何为"异秉"。

"就是与众不同，和别人不一样的地方。你说说，你说说！"

要我说，人与人能有多大的差别呢？尤其是同行之间，要说真有差别，那就是在细节上的差别。譬如善于用红曲。或者说，同样是用红曲，出来的也可能是迥异的结果。

南方的厨师，我以为他们共有一种异秉，那就是善于使用红曲。

我曾看过南方人自己制作玫瑰腐乳，除了玫瑰花瓣，还要加入红曲粉，货真价实的天然红曲粉。出来的玫瑰腐乳真是比鲜艳的玫瑰还要好看。难怪语言学家周有光先生一生挚爱此物，年逾百岁而不改旧味，白米粥就玫瑰腐乳，每天吃上三四块，真是过瘾。

植物学家汪曾祺（上）

我想没有哪个作家像汪曾祺那样如此痴迷于植物学了，除了专业的科普作家。

我读汪曾祺的著作，为此特地买了两本古代参考书，一本是吴其濬的《植物名实图考》，一本是王磐的《野菜谱》。早期线装的买不起，只能买复印本。

吴其濬是一位清代官员，官至巡抚，汪曾祺对这部著作的关注是因为小时候读到的一首古诗。

葵

汉乐府《十五从军征》中有一句"采葵持作羹"。汪曾祺小小年纪，弄不明白这个"葵"到底是什么植物。后来终于通过吴其濬的书弄清楚了，"葵"就是冬苋菜。苋菜相信很多人都吃过，有纯绿色的，也有绿中带红色的。高邮端午节有民俗吃"十二红"，其中一红就是炒红苋菜。

"叶片圆如猪耳，颜色正绿，叶梗也是绿的。"这是汪曾祺对冬苋菜的描述。为了更加详细地诠释冬苋菜的滋味和模样，汪曾祺还以木耳菜为例说明，说木耳菜做汤就是冬苋菜的味道，滑滑的，而且木耳菜也是"葵"之一种。汪曾祺说木耳菜带点紫色，我想他可能是把木耳菜与紫角叶弄混了，这两样菜非常相像。

我在部队服役时曾经种植过木耳菜。这种菜很"贱"，不挑土壤，随便浇点粪水就长得很茂盛，碧绿碧绿的，绿得出奇。吃的时候只要采摘叶梗，过不几天一场雨后，它又会发出很多的枝叶。

木耳菜又名"落葵"，据说营养很好，钙、铁含量高，而且清热去火，南方人在夏天都喜欢吃。我吃的最多的是蒜瓣炒木耳菜，碧绿的木耳菜，雪白的蒜瓣片，看上去就很清爽。当然也可以做木耳菜鸡蛋汤、木耳菜烧肉片，凉拌木耳菜也很好吃。

说到冬苋菜的模样，我仔细看了一些资料图片，我发现它还是有点像开花的蜀葵，只不过它不开花，而且叶片较大，确实如同猪耳。吴其濬在湖南做巡抚能够见到冬苋菜也是当然，前两年我读新闻还看到说长沙人一天两顿冬苋菜不嫌多。当地芙蓉区有一户人家，其家中一株冬苋菜高达3米，高度可谓惊人，因为一般不过60厘米，这株冬苋菜简直是同类中的"姚明"了。

冬苋菜好吃与否，现在已经不重要了，毕竟现在蔬菜的品种已经非常丰富了。但汪曾祺对于植物学的好奇确是值得注意的，他是一个作家，但他却对一味汉代的古老青蔬穷追不舍，足见他对文学的较真和认真。"青青园中葵，朝露待日晞。"这是汉代《长歌行》的句子，可见那个时代"葵"即冬苋菜确实是普遍的蔬菜。我看到有湖南人写过冬苋菜还是一味催乳的良药，可见中国的药食同源原理。

追根溯源，这或许也是汪曾祺创作小说的一个技巧，只不过他讲究人性的本真，就如同还原两千年前一味蔬菜那样执着和天真。在这其中，我不只看到汪曾祺对植物学的痴迷，也有对那位巡抚吴其浚的钦佩和赞叹，这不就是真实的人性表达吗？

薤

　　汪曾祺对古代蔬菜的追溯还有一味，就是薤。当时汪曾祺去内蒙古做调查，准备写一个有关抗日游击队的戏剧。当时就有人说部队没有东西吃时就吃一种野菜，名曰"荄荄"，当地发音"害害"。后来看了实物，汪曾祺一眼就认出来了，这是薤。
　　来看看汪曾祺的描述：

　　　　薤叶极细。我捏着一棵薤，不禁想到汉代的挽歌《薤露》，"薤上露，何易晞，露晞明朝还复落，人死一去何时归？"不说葱上露、韭上露，是很有道理的。薤叶上实在挂不住多少露水，太易"晞"掉了。用此来比喻人命的短促，非常贴切。同时我又想到汉代的人一定是常常食薤的，故尔能近取譬。

　　薤是什么菜呢？我好好地查了一下，其实就是江南山里的野葱。有段时间我陪朋友们在洞庭东山做茶，常往山里跑，有时在山里无人的小径上就能看到这样的野葱，叶子尖细，拔出来根部雪白如蒜头，因此也有人说是野蒜。
　　这样的野葱叶还不如韭菜叶能兜水，因此用来形容露水的短暂，以及时光的短暂，真是再恰当不过了。野葱怎么吃呢？这种植物很难连根拔，常常会因为用劲过猛而拔断了，因此要会使用巧劲儿，或者用铲子连根起。拔回来择去杂草枯叶，洗净、斩碎，待用。面粉加水，再打两个鸡蛋，搅匀。将碎葱花放入面糊中拌匀，平底锅放油，稍热，摊上面糊，两面煎匀至焦黄色出锅。野葱花鸡蛋饼，早餐吃，香极了，营养更不用说了。仔细品味，还有香葱的山间野味。

汪曾祺写过，两湖地区称薤为"藠头"，说"湖南等省人吃的藠头大都是腌制的，或入醋，味道酸甜；或加辣椒，则酸甜而极辣，皆极能开胃"。我见过湖南人好像只吃根部，拿来干炒腊肉，也是很香的。

之所以会写葵和薤这两样堪称远古的野菜，汪曾祺说他的目的并不在于实际口味的宽窄，而是与文艺创作有关。

汪曾祺每到一处都会到当地菜场逛逛，写写本地的食物。我想他其实也是在间接地提醒人们，对待创作，对待文艺作品，要允许创新，更要允许复古。他说："一个一年到头吃大白菜的人是没有口福的。"

采薇

高邮出过不少名人，其中以秦少游、王念孙、王引之等人为著，汪曾祺当然也算是一位名家。但如果不是汪曾祺提到这个人，恐怕很多人并不知道高邮还有一位王西楼。

王西楼本名王磐，字鸿渐，号西楼。明代王西楼本以散曲为名，著有《王西楼乐府》一卷，但汪曾祺却是对他的《野菜谱》感兴趣，这本书至今仍在流传。

对于家乡这样一位奇人，汪曾祺是非常感兴趣的。他说，高邮现在还有一句歇后语："王西楼嫁女儿——画（话）多银子少。"只是可惜至今也没人见过他真正的画作，更罕有人知道王西楼是一位散曲家。

　　王西楼对于当朝政治不满，他写过一首《朝天子·咏喇叭》："官船来往乱如麻，全仗你抬声价。"汪曾祺说，（这些）正是运河堤上所见。他小时候还在堤上见过接送官船的"接官厅"。"早就听说他还著了一部《野菜谱》，没有见过，深以为憾。近承朱延庆君托其友人于扬州师范学院图书馆所藏陶珽重编《说郛》中查到，影印了一册寄给我，快读一过，对王西楼增加了一分了解。"汪曾祺说他看到的版本里，王西楼收有五十二种野菜，其实真正的版本是六十种。汪曾祺还提及，他所看到的刊刻本画作不太好，应该是刻工没有真正还原王西楼的画作本色。

　　值得关注的是，《野菜谱》图文并茂，全文以曲词编就，朗朗上口。在这其中，还有王西楼的女婿高邮人张绽的功劳。张绽，字世文，自号南湖居士，著有《诗余图谱》《南湖诗集》《杜诗通》等。《野菜谱》的批注全出自他的手笔，且有人在跋中对他称赞有加。

　　王西楼作为一位有良知的文士，自觉投入到对百姓饥荒的救助之中，他眼看着荒年之中饿殍遍野，便亲自去搜集和品尝能够食用的野菜，希望能做一些力所能及的实事。张绽在此书跋中提及"备周官之荒政，思艰图易。使怨咨者获乃宁之愿。不特多识庶草之名而已"。王西楼的行为是值得后人铭记的。鲁迅年轻时曾将家中《农政全书》残本中的《野菜谱》从头到尾抄写过一遍，鲁迅自言从此在感情上拉近了与"下等人"的距离，并培养了他对植物学的兴趣。

　　汪曾祺写道：（《野菜谱》中）五十二种野菜中，我所认识的只有白鼓钉（蒲公英）、蒲儿根、马兰头、青蒿儿（即茵陈蒿）、枸杞头、野绿豆、蒌蒿、荠菜儿、马齿苋、灰条。其余的连听都没听说过，如"燕子不来香""油灼灼"……

　　由此我深读《野菜谱》发现，其中收集的多为江浙一带的野菜，尤其是江北江南这一地区，其中还涉及今天的饮食民俗。如苏州人在开春后，尤其是到了春分时节，要吃"七头一脑"。"七头"分别指的是枸杞头、马兰头、荠菜头、香椿头、苜蓿头、豌豆头、小蒜头；"一脑"指的是菊花脑。开春之际，吃这些时令鲜蔬，而且要吃新生的叶芽，如同碧螺春新茶一样，即赶着尝鲜，其实也是养生的一种。因为此时吃什么不再是为了充饥，更多的是为了营养得当。

　　汪曾祺从《野菜谱》读到了口粮和民生问题，是很值得关注的。须知高邮水域多，也容易陷入水灾荒年。汪曾祺写道：

　　灾荒年月，弃家逃亡，卖儿卖女，是常见的事，《野菜谱》有一些小诗，写得很悲惨。如：

江荠

　　江荠青青江水绿，江边挑菜女儿哭。爷娘新死兄趁熟，止存我与妹看屋。

抱娘蒿

　　抱娘蒿，结根牢，解不散，如漆胶。君不见昨朝儿卖客船上，儿抱娘哭不肯放。
　　……

　　现在水利大有改进，去年那样的特大洪水，也没死一个人，王西楼所写的悲惨景象不复存在了。想到这一点，我为我的家乡感到欣慰。过去，我的家乡人吃野菜主要是为了度荒，现在吃野菜则是为了尝新了。喔，我的家乡的野菜！

王西楼的文学思想深深影响了汪曾祺，也触动了他对家乡的关切和热爱。

对于汪曾祺所言的不认识的一些野菜，我也做了一点研究，如《野菜谱》中的"看麦娘"："看麦娘，来何早！麦未登，人未饱。何当与尔还厥家，共咽糟糠暂相保。救饥：随麦生陇上，因名。春采，熟食。"

"看麦娘"常在小麦地出现，我们家乡种的是冬小麦，开春后麦地里多的是野菜与麦苗争抢养分。其中就有看麦娘，我母亲称之为"单面条"，意思是叶片就像是一层手擀面似的，非常薄，拔回来洗洗也可以下面条吃，也可以清炒，当然也有薅回来喂羊喂兔子的。

在《野菜谱》中收集的很多菜种至今还是餐桌上的常用食材，如马齿苋、马兰头、枸杞头、蒌蒿、野苋菜等，其中还有一味"野荸荠"："野荸荠，生稻畦，苦薅不尽心力疲。造物有意防民饥。年来水患绝五谷，尔独结实何累累！四时采，生熟皆可食。"

我记得苏州在清代有个老字号就叫"野荸荠"，专门经营茶食点心，如寸金糖、胡桃云片糕、纸包素鸡、香豆腐干、蜜汁小方豆腐干、咸橄榄、玫瑰瓜子、鲜肉月饼等。清末民初美食家朱枫隐在《饕餮家言》里称："出其品，'野荸荠'则较精。"其实野荸荠与人工种植的荸荠相差无几，只不过野荸荠个头大，更加甜，而且生长能力很强。

至于蒌蒿，读过汪曾祺的《大淖记事》都知道里面的描写："春初水暖，沙洲上冒出很多紫红色的芦芽和灰绿色的蒌蒿，很快就是一片翠绿了。"汪曾祺可能是怕外地人读不懂，还特地加注："蒌蒿是生于水边的野草，粗如笔管，有节，生狭长的小叶，初生二寸来高，叫做'蒌蒿薹子'，加肉炒食极清香。……"

汪曾祺说他小时候非常爱吃炒蒌蒿薹子，我怀疑他是爱吃蒌蒿薹子炒肉，毕竟可以打打牙祭。"蒌蒿薹子除了清香，还有就是很脆，嚼之有声。"

其实对于野菜的品种，汪曾祺从来是不陌生的，他在《采薇》一文中曾写过："一九四四年，我在黄土坡一个中学教了两个学期。这个中学是联大办的，没有固定经费，薪水很少，到后来连一点极少的薪水也发不出来，校长（也是同学）只能设法弄一点米来，让教员能吃上饭。菜，对不起，想不出办法。学校周围有很多野菜，我们就吃野菜。校工老鲁是我们的技术指导。老鲁是山东人，原是个老兵，照他说，可吃的野菜简直太多了，但我们吃得最多的是野苋菜（比园种的家苋菜味浓）、灰菜（云南叫做灰藋菜，"藋"字见于《庄子》，是个很古的字），还有一种样子像一根鸡毛掸子的扫帚苗。野菜吃得我们真有些面有菜色了。"

我常常会想到，汪曾祺之所以对美食如此倾心，一方面是小时候条件优越，不缺口味的丰富。但在长大后有段时间却常常陷入饥荒，使得他对一切食物都是那样的用心和在意，不只是稀里糊涂吃完就算，而是认真地记下来。就如同遇见了形形色色的有点特点的人物，他就手把他们写了出来，使得我们看到了一个更丰富有趣的世界。

植物学家汪曾祺（下）

　　有段时间我一直在高邮、扬州游荡，对汪曾祺笔下的菜肴、植物和风物有了更多的了解，心里顿时豁然。对于他为何对植物如此倾心，并在笔下不厌其烦地描述植物的形态、用途和价值似有所领悟。这样一位一生倾心于"人性"二字的作家，并没有以人的视角去观察那些植物，而是以平视乃至仰视的角度去看待它们。他替它们说话，他为它们代言，他要植物也说人话。在我个人看来，汪曾祺的植物学其实是一种文学和人学，也是他力求人性本善的一种极致体现。汪曾祺说：

　　　　如果你来访我，我不在，请和我门外的花坐一会儿，它们很温暖，我注视它们很多很多日子了。它们开得不茂盛，想起来什么说什么，没有话说时，尽管长着碧叶。你说我在做梦吗？人生如梦，我投入的却是真情。

马铃薯图谱

　　清代官员吴其濬的《植物名实图考》对汪曾祺影响特别大，他此后一系列有关果蔬的绘画，可能都有这部图考的影子。但他的绘画却是意在笔先，虽说是文人画，但也有其独特形象的一面。

1958 年夏，汪曾祺被划为右派，下放到河北张家口沙岭子农业科学研究所劳动，分配的活是掏大粪，但是汪曾祺却说："我觉得这活儿比较有诗意。"

两年后，汪曾祺被摘掉了右派帽子，但仍暂留在农科所工作。其间，农科所让他去沽源县马铃薯研究站画一套马铃薯图谱。也就是在这一时期，汪曾祺开始了他与马铃薯的亲密接触。

汪曾祺在回忆中曾写道："马铃薯的名字很多。河北、东北叫土豆，内蒙古、张家口叫山药，山西叫山药蛋，云南、四川叫洋芋，上海叫洋山芋。除了搞农业科学的人，大概很少人叫得惯马铃薯。我倒是叫得习惯了。我曾经画过一部《中国马铃薯图谱》。这是我一生中一部很奇怪的作品。图谱原来是打算出版的，因故未能实现。原稿旧存沙岭子农业科学研究所，'文化大革命'中毁了，可惜！"

当时的张家口沙岭子农业科学研究所下属的马铃薯研究站在沽源县。汪曾祺在张家口买了一些纸、笔、颜料，乘车往沽源去。为此，不少"汪迷"曾前去寻迹汪老待过的旧地，可惜物是人非，更谈不上看汪老的《中国马铃薯图谱》了。

汪曾祺绘画马铃薯时非常用心："马铃薯的花是很好画的。伞形花序，有一点像复瓣水仙。颜色是白的、浅紫的。紫花有的偏红，有的偏蓝。当中一个高庄小窝头似的黄心。叶子大都相似，奇数羽状复叶，只是有的圆一点，有的尖一点，颜色有的深一点，有的淡一点，如此而已。我画这玩意儿又没有定额，尽可慢慢地画，不过我画得还是很用心的，尽量画得像。"

在绘画过程中，汪曾祺还向好友黄永玉写信求助，要纸和颜料，并赋诗寄给黄永玉："坐对一丛花，眸子炯如虎。"

汪曾祺所绘马铃薯花（金家渝供图）

　　虽说是绘画马铃薯，汪曾祺也在悄悄以学者的角度去观察和研究着它们："我对马铃薯的科研工作有过一点很小的贡献：马铃薯的花都是没有香味的。我发现有一种马铃薯，'麻土豆'的花，却是香的。我告诉研究站的研究人员，他们都很惊奇：'是吗？——真的！我们搞了那么多年马铃薯，还没有发现。'"

　　汪老曾骄傲地对友人炫耀说："像我一样吃过那么多品种马铃薯的，全国盖无第二人。"

　　著名作家铁凝说汪曾祺是"一个连马铃薯都不忍心敷衍"的作家，这也正是他的可爱和可贵之处。

口蘑画谱

有人说汪曾祺的作品题目就很有意蕴，譬如有一篇《菌小谱》，写的就是口蘑的故事。汪曾祺在下放到张家口时，除了画了一套《中国马铃薯图谱》，还画了一套《中国口蘑图谱》。为此，我曾专门寻找这方面的史料，后来终于在网上预购了一套《香口蘑栽培技术》，看署名是"坝上口蘑开发中心"，又是"张家口市区地方史志"的一部分，不禁浮想联翩，赶紧下单。结果等了几天后，对方告诉我找不到了。而网上则仅此一件，大遗憾。

看汪曾祺写祖母信佛，常带着他去吃一种素菜，即香蕈饺子（香蕈汤一大碗先上桌，素馅饺子油炸至酥脆，倾入汤，刺啦一声，香蕈香气四溢，味殊不恶）。

写到此处，忽然想到了高邮话，说什么东西好，不直接夸奖，而是前面加个"不"字。如汪曾祺第一次回乡时，很多老乡见了他说，在外面混得"不丑"，说谁谁办事漂亮，也说办得"不丑"。汪曾祺说东西好吃，也只是说"不恶"，可谓谦虚。

汪曾祺对菌类植物的有心源于在云南时，他说云南的干巴菌是菌子，"但有陈年宣威火腿香味、宁波油浸糟白鱼鲞香味、苏州风鸡香味、南京鸭胗肝香味，且杂有松毛清香气味"。

但我还是最喜欢汪曾祺描述的口蘑："口蘑不像冬菇一样可以人工种植。口蘑生长的秘密好像到现在还没有揭开。口蘑长在草原上。很怪，只长在'蘑菇圈'上。草原上往往有一个相当大的圆圈，正圆，圈上的草长得特别绿，绿得发黑，这就是蘑菇圈。九月间，雨晴之后，天气潮闷，这是出蘑菇的时候。远远一看，蘑菇圈是固定的。今年这里出蘑菇，明年还出。蘑菇圈的成因，谁也说不明白。有人说这地方曾扎过蒙古包，蒙古人把吃剩的羊骨头、羊肉汤倒在蒙古包的周围，这一圈土特别肥沃，故草色浓绿，长蘑菇。这是想当然耳。有人曾挖取蘑菇圈的土，移之室内，布入口蘑菌丝，希望获得人工驯化的口蘑，没有成功。口蘑品类颇多。我曾在张家口沙岭子农业科学研究所画过一套《口蘑图谱》，皆以实物置之案前摹写（口蘑颜色差别不大，皆为灰白色，只是形体有异，只需用钢笔蘸炭黑墨水描摹即可，不着色，亦为考虑印制方便故），自信对口蘑略有认识。"

　　我在汪曾祺曾待过的坝上口蘑开发中心内部出版的《香口蘑栽培技术》中看到这样的描述："香口蘑时又称褐口蘑、褐蘑菇，产于张家口坝上地区，是国内首次发现并驯化栽培成功的一个蘑菇新种。香口蘑菌肉肥厚、鲜美滑嫩，尤其是香味浓郁，故有'南有香菇，北有香口蘑'之美誉。香口蘑鲜食、干食皆宜，干菇泡发快，无木质口感。"

　　我在这份资料里发现，口蘑这种"蘑菇王"于 1990 年在国内首次人工驯化栽培成功，到了 1997 年坝上已经建起了口蘑开发中心，每平方米产量可达 13 斤。汪曾祺所说的口蘑无法人工栽培的状况已成为历史，而以口蘑为食材做成的菜肴品种也逐渐丰富起来，如口蘑烧土豆、黑胡椒烤口蘑、口蘑豆腐汤、口蘑肉片、口蘑蒸鸡、火腿焗口蘑等。

夏天，晚饭花

　　汪曾祺有一篇经典的散文《夏天》，从早晨写到晚上，一个夏天就这么倏忽而过了。我数了一下，这篇短文里的植物竟多达二十种，如栀子花、白兰花、珠兰、秋葵、苍耳、臭芝麻、鸡头米等。

在这篇文章里，他还为栀子花抱打不平："凡花大都是五瓣，栀子花却是六瓣。山歌云：'栀子花开六瓣头。'栀子花粗粗大大，色白，近蒂处微绿，极香，香气简直有点叫人受不了，我的家乡人说是'碰鼻子香'。

"栀子花粗粗大大，又香得掸都掸不开，于是为文雅人不取，以为品格不高。栀子花说：'……我就是要这样香，香得痛痛快快，你们管得着吗！'"

汪曾祺写过一篇《晚饭花》，惹得很多人考证晚饭花到底是何种神秘植物。其实这种花就是很寻常的紫茉莉，我们小时候就种过，黑色的种子像是小小的地雷，埋进土里就发芽，很好种的植物。但是经过汪老的笔墨挥洒和巧妙命名，它就成为名著里的仙草，它就被赋予了人的性格和灵魂，使人看了感到更亲切了。

汪老写植物常常会笔锋陡转，使人有意外的收获。如他写《荷花》："我们家每年要种两缸荷花，种荷花的藕不是吃的藕，要瘦得多，节间也长，颜色黄褐，叫作'藕秧子'。在缸底铺一层马粪，厚约半尺，把藕秧子盘在马粪上，倒进多半缸河泥，晒几天，到河泥坼裂有缝，倒两担水，将平缸沿。过个把星期，就有小荷叶嘴冒出来。"

写着写着，汪老突然笔头一转，说"荷叶粥和荷叶粉蒸肉都很好吃"，接着再次回到原点："荷叶枯了。下大雪，荷叶缸里落满了雪。"

读了汪曾祺的自述可以发现，他对植物学的兴趣可能最初源于祖父汪铭甫的花园"民圃"，也可能是源于他对植物天生的热爱和家庭文化的熏陶。

我记得他写过二伯母因丈夫早逝早年守节，常常教汪曾祺唱戏词，其中有这么几句：

春风桃李花开日，
秋雨梧桐叶落时。
碧云天，
黄花地。
西风紧，
北雁南飞。
晓来谁染霜林醉，
都是离人泪。

读来使人莫名地惆怅。

"蔬菜的命运，也和世间一切事物一样，有其兴盛和衰微，提起来也可叫人生一点感慨……"

汪曾祺的植物学，又何尝不是一种人学呢？

汪曾祺书信里的美食

2019年年初，《汪曾祺全集》（全十二卷）出版，此次出版的亮点之一就是新收入了很多汪曾祺与友人的通信。我读汪曾祺的书信与别人不同，我喜欢读其中的美食信息，从中可以发现很多有关美食的内容。我看他写信，写着写着笔下就"划拉"到美食上去了。这是汪曾祺热爱生活的一面，更是写作习惯的一种无意流露吧。

施松卿：美国家信

大厨汪曾祺

1987年9月，赴美参加爱荷华写作营的汪曾祺，在给夫人施松卿的信中，他本来是汇报写作营信息的，结果很快就"跑题"到食物方面去了。说当地蔬菜极新鲜，只是葱蒜皆缺辣味。"肉类收拾得很干净，不贵。猪肉不香，鸡蛋炒着吃也不香。鸡据说怎么做也不好吃。我不信。我想做一次香酥鸡请留学生们尝尝。"在这一点上，同在美国生活的张充和女士也曾有这样的感慨，说美国的鸡不好吃，盖因是饲料喂养，快速催肥，因此她回到国内吃到土鸡汤后，大为感慨。汪曾祺"不信邪"，则自有他的道理，因为当地有东亚的商铺，也就是韩国人开的佐料铺，店铺里卖得有大料可以收拾美国胖鸡。

汪曾祺发现该店佐料颇为丰富，有"生抽王"、镇江醋、花椒、大料等，甚至连四川豆瓣酱和酱豆腐都有。我相信汪曾祺凭借这些大料一定会让美国鸡味大翻转，"汪氏香酥鸡"也会让很多留学生唇齿生香。

在这封信里，汪曾祺对于美国鸡肉和猪肉都不满意，鸡肉过于寡淡，而猪肉则是太瘦。几个留学生想请几个中国作家吃饭，但只会包饺子，没人会做菜。汪曾祺想做一盘他们喜欢吃的鱼香肉丝，却嫌当地的猪肉太瘦了，连做饺子馅都太瘦了。"猪肉馅据说有带15%肥的。"汪曾祺特意嘱咐他们包饺子，猪肉

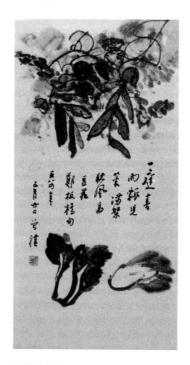

汪曾祺画作

馅一定要有一点肥的，但同时，汪曾祺觉得美国的豆腐和面条不错，"豆腐比国内的好，白、细、嫩而不易碎。豆腐也是外国的好，真是怪事！"

汪曾祺与作家古华搭伙做饭，不用说肯定是汪曾祺主厨，古华洗碗。他说美国的挂面很好，而他的菜谱是炒荷兰豆、豆腐汤、米饭。

在后一封信中，汪曾祺又提到鱼香肉丝成功了，只是还觉得遗憾，"美国猪肉、鸡都便宜，但不香，蔬菜肥而味寡。大白菜煮不烂"。现在来看这些内容，似乎国内也已经出现这种势头，因此"马大嫂们"买菜都在到处寻觅乡下人种的土菜，鸡肉也是土鸡好。

在美国，汪曾祺与爱荷华写作营主持人聂华苓夫妇相处得非常融洽，汪曾祺曾写下这样的文字：

　　"国际写作计划"会期三个月，聂华苓星期六大都要举行晚宴，招待各国作家。分拨邀请。这一拨请哪些位，那一拨请哪些位，是用心安排的。她邀请中国作家（包括大陆的、台湾的、香港的，和在美国的华人作家）次数最多。有些外国作家（主要是说西班牙语的南美作家）有点吃醋，说聂华苓对中国作家偏心。聂华苓听到了，说："那是！"我跟她说："我们是你的娘家人。"——"没错！"

聂华苓深知汪曾祺是美食家，也是大厨师，于是建议汪曾祺搞一次招待会。汪曾祺也不含糊，买点饮料和酒，花生米、葵花子。菜嘛，就是煮茶鸡蛋、炸春卷，虽然当地有现货卖，但汪曾祺嫌贵，我估计他是嫌不好吃，就买了春卷皮自己现炸现吃。相信这又是一次令中西方作家都很满意的招待会。

茶鸡蛋

1987 年 10 月，汪曾祺花了三天写的家信里，总不会忘记提及饮食，"昨天中国学生联谊会举行欢度国庆晚餐会……晚餐是向这里的中国饭馆羊城饭店订的，但也一点也不好吃，全无中国味。我实在难以下咽，回来还是煮了一碗挂面吃。美国菜（即使是中国饭馆做的）难吃到不可想象的程度"。后来又有大学图书馆的两个人请汪曾祺吃晚餐，佐料是南斯拉夫的，汪曾祺说他吃饱了，吃饱的标准就是不用回去下挂面吃了。

此后，汪曾祺招待客人的招牌点心就是茶叶蛋。他和古华邀请其他国家的作家时就用茶叶蛋、拌扁豆、豆腐干、土豆片、花生米。当芬兰的学者回请时，主要的菜也是汪曾祺做的茶叶蛋。

有一次《文艺报》副主编陈丹晨到了美国，聂华苓请客吃饭，汪曾祺就带了二十个茶鸡蛋过去助阵，还做了一碗水煮牛肉。

"不知道为什么，女人都喜欢我。"

1987 年 10 月，汪曾祺致信夫人施松卿，信中提及他参加了一次文学讨论会，主题是"我为何写作"。汪曾祺即兴发言幽默地说自己是因为数学不好，又说自己已是六十七岁的年龄，"经验了人生的酸甜苦辣、春夏秋冬，我不得不从云层降到地面。OK！（掌声）"

就是在这次令人颇为感慨的讨论会后，汪曾祺见到了中国台湾作家陈映真一家，从此与他们结下了深厚的友情。

从信文中可知，当时陈映真八十二岁的父亲带着全家人坐了近六个小时的汽车前来看望中国作家，陈映真的姑父晚上在燕京饭店宴请作家们吃饭。饭后，陈映真父亲讲话，令人感动。汪曾祺说："我抱了映真的父亲，忍不住流下眼泪。后来又抱了映真，我们两人几乎出声地哭了。"

就在这样的氛围中，汪曾祺完全放下了自己的矜持，与大家一起尽情释放自己的真情。看着聂华苓抱着郑愁予的夫人还有作家蓝菱一起哭，汪曾祺感触颇深，自觉也像是变了一个人。施松卿回信给他时曾提及，说他整个人都变了，"突破了儒家的许多东西"。汪曾祺自己也坦言："我好像一个坚果，脱了外面的硬壳。"

在这样的美好氛围中，在异国他乡的开放气氛中，汪曾祺常常被一些女作家围住行新式礼仪，例如，亲吻脸庞。汪曾祺致信夫人坦承："不知道为什么，女人都喜欢我。真是怪事。"但是汪曾祺同时也强调说自己自有分寸："当然，我不致晕头转向。我会提醒我自己。"我想施松卿女士读到此处时一定是会心一笑。一位年近古稀之年的作家，在外处处受到热爱，这是一种为人的荣誉，也是一位作家的个人魅力体现。拥抱和接触，不过是一种社交礼节，又怎么可能会"上纲上线"呢？即将从写作营主持人位子上退休的聂华苓女士对汪曾祺说："老中青三代女人都喜欢你。"这是一种多么大的信赖和热爱。

那一天董鼎山与几位女士前来吃饭，汪曾祺做了茶鸡蛋、拌芹菜、白菜丸子汤、水煮牛肉等。"水煮牛肉吃得他们赞不绝口。"《中报》的女编辑曹又方不禁过来抱了汪曾祺一下。

身处如此坦诚和热烈的氛围，使得汪曾祺大为感慨："这样一些萍水相逢的人，却会表现出那么多的感情，真有些奇怪。"我相信，在这样的气氛中，汪曾祺做饭菜时也会生出别样的灵感，心诚则灵，味道肯定好极了。

文学不是"肯塔基炸鸡"

在美国写作期间，汪曾祺常常跟着作家团一起外出参加座谈活动，在芝加哥大学时他被安排演讲，主题还是与写作有关。汪曾祺讲了"主题先行"的问题，其中提到了自己搞了十年样板戏，痛苦不堪，"我决定再也不受别人的指使写作，我愿意写什么就写什么，想怎么写就怎么写"。

在芝加哥，汪曾祺参观了世界最高的建筑，还在九十六层楼喝了一杯威士忌。他和蒋勋去看了凡·高的原作展，又去吃了一顿肯德基（当时他写的是"肯塔基炸鸡"）。在芝加哥领事馆，汪曾祺受邀在湖南饭馆吃饭，菜很好，还有茅台酒和花雕黄酒款待，可谓快活。

在后来的讲座中，汪曾祺用了杜甫的两句诗形容自己的作品意境，"随风潜入夜，润物细无声"。汪曾祺致信施松卿说，当时他还特地在演讲中加了几句话："我认为文学不是肯塔基炸鸡，可以当时炸，当时吃，吃了就不饿。"

在同日的家信中，汪曾祺还提及，听说北京开了一家肯塔基炸鸡店，"炸鸡很好吃，就是北京卖得太贵，一客得 15 元。美国便宜，一块多钱，两大块"。由此可以看出，汪曾祺还在留心国内外的饮食差价，只是他更在乎的还是菜肴的味道。在芝加哥吃了烤鸭后，他连说"不香"，说"甜面酱甜得像果酱，葱老而无味"。为此，汪先生大呼："我回来要吃涮羊肉。"

凯撒沙拉与马

在美国波士顿，汪曾祺吃到了一顿特别的沙拉。当时在美籍华裔女作家刘年玲（笔名木令耆，曾任美国中文文学期刊《秋水》主编）带领下游览查尔斯河两岸风景，后到加勒夫人的博物馆参观。"加勒是个暴发户，打不进波士顿的'四大世家'的交际界，于是独资从意大利买了一所古堡，原样装置在波士顿。这是一所完全意大利式的建筑，可以吃饭，刘年玲说这里的沙拉很有名。我们都叫了沙拉，原来是很怪的调料拌的生菜。在国内，沙拉都有土豆，可是这种叫作'凯撒沙拉'的，一粒土豆都没有，只有生菜！我对刘年玲说：我很怀疑吃下这一盘凯撒沙拉会不会变成马。"

汪曾祺此话当然是笑话，但同时他也是在对比国内外的新式美食，如面对"沙拉"这种舶来品，新鲜花样的做法肯定会有很多，汪曾祺能够很快适应，并能从容应对作幽默的点评，难怪他在朋友圈里人缘大好。在加勒夫人这里，除了吃新鲜的沙拉，他还看到了宋徽宗临摹的《捣练图》，他大为惊奇画面的颜色，说就像是昨天画出来的，他甚至想建议中国的文物部门出版一本《海外名迹图》。

朱德熙：饮食知己

在汪曾祺所有的朋友中，应以语言学家朱德熙为最重要。可以说汪曾祺是把朱德熙作为人生知音来对待的，他的一些作品的写作，有时并非为了大众读者，恐怕只是面对这位知己而写。这与汪老的一句话同理，即"我悄悄地写，你们悄悄地读"。他致信朱德熙时，不止一次地探讨食物的渊源，甚至在信中教这位朋友做菜。当然，他更不忘时不时邀请这位朋友一起小聚小饮。

"金必度汤"

1972 年 11 月，汪曾祺致信朱德熙，话题从研究草木虫鱼一下子跳到了菜谱上："近日菜市上有鲜蘑菇卖，如买到，我可以教你做一个很精彩的汤，叫'金必度汤'，乃西菜也。法如下：将菜花（掰碎）、胡萝卜（切成小丁）、马铃薯（也切成小丁，没有，就拉倒）、鲜蘑（如是极小乳钱大者可一切为二或不切，如较大近一两左右者则切为片，大概平均一个人有一两即够）、洋火腿（鲜肉、香肠均可）加水入锅煮，盐适量，俟熟，加芡粉，大开后，倒一瓶牛奶下去，加味精，再开，即得。如有奶油，则味精更为丰腴。吃时下胡椒末。上述诸品，除土豆外，均易得，且做法极便，不须火候功夫。偶有闲豫，不妨一试。"

朱德熙与汪曾祺是西南联大的同学，也正是在那时结下了深厚的友谊。朱德熙的夫人何孔敬也是在那个时期与朱德熙恋爱并结婚的，对于汪曾祺和朱德熙的友情，她是非常了解的。她在《长相思：朱德熙其人》中曾提到：

朱德熙吹笛图（取自《长相思》一书）

同学中，德熙最欣赏曾祺，不止一次地对我说："曾祺将来肯定是个了不起的作家。"

曾祺有过一次失恋，睡在房里两天两夜不起床。房东王老伯吓坏了，以为曾祺失恋想不开了。正在发愁时，德熙来了，王老伯高兴地对女儿（我中学的同学王昆芳）说："朱先生来了，曾祺就没事了。"

　　德熙卖了自己的一本物理书，换了钱，把曾祺请到一家小饭馆吃饭，还给曾祺要了酒。曾祺喝了酒，浇了愁，没事了。

　　由此可见汪曾祺和朱德熙的交情至深，几乎是无话不谈。因此汪曾祺在修改剧本的"乏味时期"致信给好友，也几乎是无话不扯，他相信他所谈及的话题，也都是好友愿意倾听的内容。想想也是，好友之间致信，尤其是两个大男人，谁会愿意探究做菜的内容，除非是两个厨子，即使是厨子也会岔开专业，说点"有用的""要紧的"内容。

　　说实话，我被这个菜谱打动了，我还想着好好做一次给大家尝尝看。

从女人搽粉到油炸蛤蜊

　　根据何孔敬女士的叙述："德熙后来在古文字研究上取得很大成就。他说：'我在联大的时候，并没有想做一个什么人，只是兴之所在，刻苦钻研。'他的好朋友汪曾祺在《怀念德熙》文中说德熙的治学完全是超功利的。这一点我知道得最清楚，也知道得最早。"

　　汪曾祺很早即看出这位朋友对于学术研究的孜孜不倦和甘于寂寞，因此在书信中时常与他探讨相关话题。

　　1972 年 12 月，汪曾祺致信朱德熙，说他因为办公地停电，偷空回了一趟家，"一个人炒了二三十个白果，喝了多半斤黄酒，读了一本妙书。吃着白果，就想起了'阿要吃糖炒热白果，

抗战时期，王浩、汪曾祺、朱德熙在云南合影（李
建新供图）

香是香来糯是糯……'"这里有必要强调一下，朱德熙是苏州人，汪曾祺在信中学着朱德熙苏州话的腔调，并说此时他想起了朱家的孩子。其实早在西南联大毕业时，也就是朱德熙与何孔敬订婚和结婚时，汪曾祺就跟着忙前忙后的，甚至比媒人还要忙。

何孔敬是安徽桐城人，订婚那天吃的就是桐城"水碗"，据说这是招待贵宾的上等酒席。根据何孔敬的回忆："每碗菜（都是荤菜）都带汤汤水水，每道菜讲究又鲜又嫩。"须知这是1944年的云南，学生、教授们普遍缺肉少菜。当时的两位媒人是物理教授王竹溪和中文教授唐兰，陪客则是汪曾祺。结婚前，汪曾祺受何孔敬父母之托帮忙操办，就连新娘子的礼服都是汪曾祺去取的。开始汪曾祺按照何母的意思拎了粉红色的回来，可是何孔敬穿上照镜，发现与自己脸色不相配，于是决定换换白色的。为此朱德熙还犯难，说这是你母亲的意思，怎好违背？两人僵持之际，汪曾祺接过礼服拿去换了白色的回来，还说："不合适，还可以替你去换。"

按照规矩结婚次日"回门"，那天饭后无事的一对新人决定去看电影，但也没落下碰巧前来的汪曾祺。只是到了吃夜饭时，汪曾祺决定不做"电灯泡"了，而是去约会他的心上人施松卿。在此前后，他们四人更是一个快乐而温馨的团体。

汪曾祺在信中与朱德熙几乎是无话不谈。如女人化妆，"古代女人搽脸的粉是不是米做的，仿佛这跟马王堆老太太的随葬品有点什么关系。近日每在睡前翻看吴其濬的《植物名实图考长编》以催眠……"由其中提及的"粉，傅面者也，可澄也"，汪曾祺考证说怀疑古代妇女以米粉涂面以润泽皮肤，而且还说是"着粉"，而非后来的"扑粉"。对于老师沈从文推论说古代妇女用蛤粉，他还不认同，因为"蛤蜊这玩意本来是不普遍的"。

在论学这方面，汪曾祺还有可贵的一面，即吾爱吾师，但吾更爱真理。他还进一步论述："记不清是《梦溪笔谈》还是《容斋随笔》里有一条，北人庖馔，唯用油炸，有馈蛤蜊一筐，大师傅亦用油（连壳）炸之至焦黑。蛤肉尚不解吃，蛤粉之用岂能广远？蛤粉后世唯中药铺有卖，大概是止泻的作用，搽粉则似无论大家小户悉用铅粉了。"

不只是对老师，对好友，汪曾祺阐述真知的态度也是极为认真的，他致信朱德熙，直说对于朱德熙和唐兰教授发表在《文物》上的文章太过于专业，直言："不懂！这顽儿，太专门了。"但他随后又建议要出一种刊物《考古学——抒情的和戏剧的》，"先叫我们感奋起来，再给我们学问"。显然，他对于过于严肃地讲述考古学有异议，希望学术刊物也可以办得活泼一些，至少先让读者们感兴趣。

在信中，汪曾祺一再建议朱德熙多读读吴其濬的代表作，说治学时很可以从中查找线索。他还鼓励朱德熙把朱家父母的食谱整理出来，"可能有点用处"。

搞一本《中国烹饪史》

朱德熙籍贯苏州，他出生在南京政府财政部盐务局一个高级职员家庭，父亲是有知识的公务员，母亲也是读过书的贤惠女性。汪曾祺曾在信中多次提到要去探望朱母。有段时间汪曾祺在上海生活无着落就借住在朱家，朱家上下对汪曾祺如同一家人。想必朱家对于饮食也有所讲究，有时汪曾祺在遇到古代食器问题时还去求教于朱母，因此汪曾祺鼓励朱德熙把家里的食谱整理出来。

同时，汪曾祺多次在信中与朱德熙探讨古代饮食的渊源。如对于古代"薄壮"一物的推断，他认为就是一种饼类的食物，并说："中国人的大吃大喝，红扒白炖，我觉得是始于明朝，看宋朝人的食品，即皇上御宴，尽管音乐歌舞，排场很大，而供食则颇简单，也不过类似炒肝爆肚那样的小玩意。而明以前的人似乎还不忌生冷，食忌生冷可能与明人的纵欲有关。"我记得汪曾祺曾写过宋代人还不晓得食海鲜，到了明代才开始吃海鲜，似乎是与纵欲有关，还说是鲁迅说的。对于自己的推断，汪曾祺也自谦说"近似学匪考古，信口胡说而已……"

但同时，汪曾祺又信誓旦旦地致信朱德熙："我很想在退休之后，搞一本《中国烹饪史》，因为这实在很有意思，而我又还颇有点实践，但这只是一时浮想耳。"

很可惜的是，汪老终没有时间完成这部大书，否则将会是多么精彩的烹饪妙论。

烤麻雀就酒

在读汪曾祺致朱德熙的信文时，我常常替读者由衷地感谢这位语言学学者，须知汪曾祺一些有关美食的文章能够写出来，可能就是因为有这位值得倾诉和交流的对象。

2019 年夏，汪曾祺之子汪朗回到高邮汪曾祺纪念馆

1977 年 9 月，汪曾祺致信给朱德熙："最近发明了一种吃食：买油条两三根，劈开，切成一寸多长一段，于窟窿内塞入拌了碎剁的榨（此字似应写作鲊）菜及葱丝肉末，入油回锅炸焦，极有味。又近来有木耳菜卖，煮汤后，极滑，似南方的冬苋菜（也有点像莼菜）。……汪朗前些日子在家，有一天买了三只活的笋鸡，无人敢宰，结果是我操刀而割。生平杀活物，此是第一次，觉得也呒啥（苏州话：没有什么）。鸡很嫩，做的是昆明的油淋鸡。我三个月来每天做一顿饭，手艺遂见长进。何时有暇，你来喝一次酒。"

这里可以看出，汪曾祺所"发明"的"油条塞肉"最早是和朱德熙聊到的，他在信中还用到了苏州话的"呒啥"。信中所提到的"笋鸡"则是尚未完全长大成年的鸡，这种鸡吃起来很嫩，在我们那里，中秋节常往来送礼用。

我读汪曾祺致朱德熙的信文发现，后来他广为流传的《葵》《薤》《栈》等食物考文都是 1977 年写于朱德熙的信文内容。在此间的信中，汪曾祺还不时和老友交流逛菜场的信息，如 1978 年 6 月 26 日："西四近来常常有杀好的鳝鱼卖。你什么时候来，我给你炒个鳝糊吃。"响油鳝糊，那是苏州的名菜，可见汪曾祺知道朱德熙的口味。又如 1978 年 12 月 20 日："北京近来缺菜，肉只肥膘猪肉，菜只有大白菜，每天做饭，甚感为难，孔敬想有同感。何时菜情好转，当谋一叙。"

此信中可谓是北京农副食品的一个历史见证，信中提及孔敬即朱德熙的夫人。汪曾祺并不以自己是家庭主厨为不妥，坦然与好友谈及菜场见闻，并渴望有空能一起喝酒聊天。由此想到了汪曾祺有一次去访朱德熙，只有朱家儿子在"捣鼓"无线电。汪曾祺见客厅的酒柜里有瓶好酒，便请朱家儿子上街买两串铁麻雀，他自己打开酒瓶，边喝边等。酒喝了半瓶，朱德熙还是未归，汪曾祺丢下半瓶酒和一串铁麻雀，对朱家儿子说："这些留给你爸了！"

汪家女儿汪明在《君子之交坦荡荡》中透露汪曾祺为朱德熙送年货的情况："年前预备年货时，爸爸常特意多买几条黄花鱼或一两只鸡，细细地拾掇干净，用花椒和盐爆腌一下，'风'起来，高高兴兴地计划着：'过年看德熙去！'"

肉丝炒干巴菌

汪曾祺喜欢到朱家"蹭饭"，可能是因为何孔敬女士善于做菜。汪曾祺曾写过云南的干巴菌，那是连昆明人都很珍惜的当地土产。何孔敬专门写过这种菌子："干巴菌不同于一般菌子是圆扁的，而是一坨一坨的，那模样像腐朽的棺材板，也可以说是一坨干了的牛粪，一句话，样子不好看。"

根据何孔敬女士说，在西南联大的师生们，或许只有唐兰教授家里知道干巴菌的洗法和做法。因为如果松毛择不干净，吃到嘴里如同针扎。唐兰夫人制作的干巴菌打卤面味道极其鲜美。

朱德熙在唐家吃过后，第一个想到的就是老饕汪曾祺，说："孔敬，等我们结了婚，把曾祺、松卿叫来，你给我们做回干巴菌吃吃，好不好？"

结婚后，何孔敬果然把汪曾祺、施松卿请到家里来，做了肉丝炒干巴菌，汪曾祺吃了赞不绝口，说："在昆明生活了七八年，什么都吃过了，唯独干巴菌没有吃过。"

在这里，不妨摘抄一下何孔敬女士的菜谱："干巴菌里不但藏有烂了的松毛，且有红泥沙土。先把干巴菌里的烂松毛一根一根地剔出来，然后撕成一丝一丝的，用清水泡洗，泡到红泥沙子没有为止。配料肥、瘦肉丝各半，红、绿辣椒丝少许，猪油、素油皆可。先把油呛热了炒肉丝，放少许好酱油，炒到光了油，再放干巴菌，一同炒一炒，就好起锅上盘了。"

何孔敬真是一位贤内助，又是一位优秀的家庭厨师。自从在朱家吃了干巴菌后，汪曾祺一直惦记着什么时候再来尝尝菌子菜肴。在 80 年代一个盛夏的上午，汪曾祺突然来到朱家。何孔敬打开门一看是汪曾祺，就问他这么早来北大什么事。汪曾祺说刚从昆明出差回来，顺路给德熙送点干巴菌来。此时朱德熙已经去上课了，何孔敬让汪曾祺进屋去喝茶，汪曾祺说司机在下面等着呢，要赶着回去。何孔敬说你把干巴菌都给我们，你们回去吃什么，意思让他留点。但汪曾祺说，拿回去又不会做，天气又热，一折腾，全烂了。于是何孔敬邀请汪曾祺和施松卿次日来家里吃饭，正好一起尝鲜。但汪曾祺感觉出差太累，还是没有去。

汪曾祺后来在《菌小谱》里特别提到干巴菌："菌子里味道最深刻（请恕我用了这样一个怪字眼）、样子最难看的，是干巴菌。这东西像一个被踩破的马蜂窝，颜色如半干牛粪，乱七八糟，当中还夹杂了许多松毛、草茎，择起来很费事。择出来也没有大片，只有螃蟹小腿肉粗细的丝丝。洗净后，与肥瘦相间的猪肉、青辣椒同炒，入口细嚼，半天说不出话来。干巴菌是菌子，但有陈年宣威火腿香味、宁波油浸糟白鱼鲞香味、苏州风鸡香味、南京鸭肫肝香味，且杂有松毛清香气味。"一味干巴菌，汪老吃出这么多的味道，真是会吃，难怪他对何孔敬烹制的干巴菌如此赞不绝口。

过年一起吃鸡

大概是 1948 年的大年初一，汪曾祺和施松卿特地来到朱德熙家与朱家一家三口一起过年。这可让何孔敬犯了难，因为家里没什么菜。

根据何孔敬的回忆："准备什么菜呢？急中生智，赶紧添了两个菜：一个粉丝熬大白菜，一个酱油糖煮黄豆，南方人叫笋干豆。把用面粉换的鸡做了道主菜——红烧洋葱鸡块。"

说到这里还有个辛酸的故事，当时内战期间，住在北平的人们纷纷囤面，朱德熙家囤了三十袋面粉，后来有人上门请求拿一只鸡换面粉，才使得朱家有了一只鸡过年。

何孔敬不禁感慨："这个年过得真够惨的了。"汪曾祺却说："有鸡吃就行了，还要吃什么。"

因为有了朋友的陪伴，即使菜有点"惨淡"，也足以抵消特殊时期物质匮乏带来的窘迫心情了。

其实朱德熙更喜欢品尝汪曾祺的手艺，他常对何孔敬说："曾祺烧的菜，是馆子里吃不到的。"有时他不在家，临走时也会嘱咐妻子，说汪曾祺今天会来家里，要烧什么什么菜招待。

1991 年，朱德熙到美国斯坦福大学讲学，汪曾祺致信给他，希望他能早日回国。信中有一首诗："梦中喝得长江水，老去犹为孺子牛。陌上花开今一度，翩然何日赋归休？"

汪曾祺在信中一再督促老友回国来，说老在外面也不是个事儿，还说他上次赴美（应该是参加爱荷华写作营）第二天就想回来了。"要说的话很多，等你明春回来时再谈吧……"

汪曾祺哪里知道，此时的朱德熙已被诊断为肺癌晚期，半年后就离世了。朱德熙还有很多事业没有完成，汪曾祺又有多少心里话想和这位知己说一说呢？

朱德熙在美国去世不久，何孔敬收到施松卿寄来的一封信："曾祺一天夜晚在书房里，都以为他在写作。忽然听到曾祺在书房里放声大哭，把我们吓坏了，我们到书房里一看，只见书桌上摊开了一幅刚画好的画。画的右边写的是'遥寄德熙'，下款写的是'泪不能禁'。"

汪曾祺去世后，汪家子女将这幅画送给了朱家，何孔敬把这幅画装框后悬挂在朱德熙的书房，以示纪念。

黄裳：文学食趣

饮酒不醉之夜，殊寡欢趣

1947 年 10 月 30 日，汪曾祺致信给作家黄裳，上来先来一段说书式的历史演义，随后则是一段涉及饮食的内容：

> 仁兄去美有消息乎？想当在涮羊肉之后也。今日甚欲来一相看，乃舍妹夫来沪，少不得招待一番，明日或当陪之去听言慧珠，遇面时则将有得聊的。或亦不去听戏，少诚恳也。则见面将聊些甚么呢？未可知也。饮酒不醉之夜，殊寡欢趣，胡扯淡，莫怪罪也。慢慢顿首。

　　在后来黄裳为苏北的著作《一汪情深：回忆汪曾祺先生》作序时谈及这封信说："这是一通怪信，先抄了一篇不知从什么笔记中看来的故事，有什么寓意，不清楚。想见他在致远中学的铅皮房子里，夜咏，饮酒不醉，抄书，转而为一封信。亟欲晤面，聊天，是最为期望的事。悬揣快谈的愉乐，不可掩饰。从这里可以想见我们的平居生活场景。六十年前少年伴侣的一场梦，至今飘浮在一叶旧笺上，氤氲不去。"

　　黄裳曾评论过汪曾祺的文学特质："曾祺在文学上的'野心'是'打通'，打通诗与小说散文的界限，造成一种新的境界，全是诗。"此话不可谓不准确。

　　此话更使我想到他们一起在巴金家的日子。1948 年 12 月 1

黄永玉绘画黄裳（取自《比我还老的老头》）

日，汪曾祺致信黄裳："巴家打麻将，阁下其如何？仍强持对于麻将之洁癖乎？弟于此甚有阅历，觉得是一种令人苦痛的东西。他们打牌，你干吗呢？在一旁抽烟，看报，翻弄新买的残本《勿怪》宋明板书耶？"

想当年，巴金之家是当时这些文学人士的聚集之地。黄裳后来也回忆说，汪曾祺在巴金家中同样是有点拘束和"小无聊"：

> 回忆 1947 年前后在一起的日子。在巴金家里，他实在是非常"老实"、低调的。他对巴老是尊重的（曾祺第一本小说是巴金给他印的），他只是取一种对前辈尊敬的态度。只有到了咖啡馆中，才恢复了海阔天空、放言无忌的姿态。月旦人物，口无遮拦。这才是真实的汪曾祺。当然，我们（还有黄永玉）有时会有争论，而且颇激烈，但总是快活的，满足的。

在信中，汪曾祺还向好友黄裳倾诉患上胃病之苦，一吃就饱，放下筷子就饿，他甚至不敢想象这样下去会怎么样，须知这样一位爱吃的作家，哪里能患得了胃病呢？

饭馆里已经卖"春菜"了

1948 年 3 月 9 日，汪曾祺从上海抵达天津，这是他第一次来到天津，在信中他很轻松地与黄裳开着玩笑叙述种种的趣事，同时提及："这儿饭馆里已经卖'春菜'了，似乎节令比上海还早些。所谓春菜是毛豆、青椒、晃虾等等。上开三色，我都吃了。这儿馆子里吃东西比上海便宜，连吃带喝还不上二十万。天津白干没有问题要好得多。因为甫下船，又是一个人，只喝了四两，否则一定来半斤。你在天津时恐还是小孩子，未必好好地喝过酒，此殊可惜。"

初到天津，汪曾祺有吃有喝，可谓潇洒。对于当地的风物，他也很快介入了"调查"："鸭梨尚未吃，水果店似写着'京梨'，那么北京的也许更好些么？倒吃了一个很大的萝卜。辣不辣且不管它，切得那么小一角一角的。殊不合我这个乡下人口味也——我对于土里生长而类似果品的东西，若萝卜，若地瓜，若山芋，都极有爱好，爱好有过桃李柿杏诸果，此非矫作，实是真情。而天下闻名的天津萝卜实在教我得不着乐趣。我想你是不喜欢吃的，吃康料底亚巧克力的人亦必无兴趣，我只有说不出什么。"

汪先生在这里提到的鸭梨是一种北方的白梨，应该是产于河北省魏县一带的古老地方品种。因梨梗部突起，状似鸭头而得名。爱吃萝卜，却不爱吃鸭梨。这恐怕是汪先生的个人爱好。他在信中自称"乡下人"，不由得使我想到了他的恩师沈从文也一贯地自称乡下人。乡下人不爱萝卜爱什么呢？

黄裳后来回忆此节时写道："我与曾祺年少相逢，得一日之欢；晚岁两地违离，形迹浸疏，心事难知，只凭老朋友的旧存印象，漫加论列，疏陋自不能免。一篇小文，断断续续写了好久，终于完稿，得报故人于地下，放下心头一桩旧债，也算是一件快事。"黄裳写作此文时已是 2008 年冬季，距离汪曾祺去世已十年之余。

范用：年节食谱

著名出版家范用先生生前组织文学饭局是出了名的，因此范用又被称为"三多先生"，即"书多，酒多，朋友多"。

因为经常在家请客，据说范家有"范用酒馆"之称，酒馆里的常客则是美食家王世襄和汪曾祺，这二位都会吃会做。我记得汪曾祺曾写过王世襄会做"焖葱"的绝招，技惊四座。

前段时间读汪曾祺、汪朗父子同著的《活着，就得有点滋味儿》一书，书中披露说他们文人之间组织了一个美食团，创意始于三联书店的范用先生，正式名称是"美食人家"协会（又名"好吃俱乐部"）。范用先生是会计，王世襄先生任会长，汪曾祺是会员之一。会员中不乏丁聪、叶浅予、黄苗子、黄宗英等名家，他们不但到处去品尝，还要评论和打分，一时之间，颇为热闹。只是随着大家年岁渐高，这样的饭局也不得不疏淡，不得不说是一种遗憾。不过他们那时还留下一些出版物可堪回首，如范用编的《文人饮食谭》、汪曾祺选编的《知味集》。

汪曾祺比范用大三岁，一直兄长般对待范用。两人一扬州籍，一镇江籍，虽隔江相望，也算是半个老乡，平时常有书笺来往。范用有一次就发表了几封汪曾祺给他的书笺。

1991 年新春，汪曾祺致范用的信文中录了两首新诗：

辛未新正打油

宜入新春未是春，残笺宿墨隔年人。屠苏已禁浮三白，生菜犹能簇五辛。望断梅花无信息，看他挑偶长精神。老夫亦有闲筹算，吃饭天天吃半斤。

七十一岁

七十一岁弹指耳，苍苍来径已模糊。深居未厌新感觉，老学闲抄旧读书。百镒难求罪己诏，一钱不值升官图。元宵节也休空过，尚有风鸡酒一壶。

汪曾祺画作《南人不解食蒜》（取自《汪曾祺书画》）

　　汪曾祺在第一首诗中特别提到了他的"禁酒"，但是饭菜不忌口，如佛家忌口的"五辛"之葱、蒜、荞头、韭菜、洋葱，他都照吃不误。这里是一种爽快的隐喻，汪老年老时被迫忌口，他还夸口说自己能够弄出一桌豆腐宴出来。

　　而第二首诗中则提到了他自己年逾古稀，深居简出（其实汪老很热情，几乎是有请必到），心境淡然，只是在吃喝上仍有兴趣，"尚有风鸡酒一壶"，心里念的还是美食美酒。记得"汪迷"苏北先生曾给汪曾祺送过家乡风鸡，深得汪老的口味，大夸美味。苏北写道："每年都是我母亲在腊月里'风'——风鸡不用捋毛，只要掏空内脏，塞上盐和五香八桂，挂在背凉处——母亲'风'的风鸡咸淡适中，酥、香，入口绵柔，实在是佐粥的好菜。"

　　汪曾祺也曾写过高邮的风鸡："大公鸡不去毛，揉入粗盐，外包荷叶，悬之于通风处，约二十日即得，久则愈佳。"

　　汪曾祺在诗后特别附言说："此二诗亦可与极熟人一看，相视抚掌，不宜扩散，尤不可令新人升官图的桃偶辈得知。不过你似也没有官场朋友，可无虑。风鸡（我所自制）及加饭一坛，已提前与二闲汉缴销了，今年生日（正月十五）只好吃奶油蛋糕矣。"

　　看到此处不禁令人发笑，汪曾祺会自制风鸡，相信味道一定不错。"二闲汉"不知是否即常去汪家"蹭饭"的文学青年龙冬和"汪迷"苏北先生？查1920年（汪曾祺出生那年）的3月5日，正好是正月十五元宵节，因此汪曾祺总是于元宵节这天过生日。

　　"稻香村亦有糟蛋卖，味道尚可，但较干，似是浙江所产，较叙府所产者差矣。叙府糟蛋是稀糊糊的，糟味亦较浓。"在信末尾，汪曾祺还不忘告诉同样爱美食的范用，老字号"稻香村"已经有糟蛋上市了，同时不忘对比四川宜宾的"叙府糟蛋"之口味。"叙府糟蛋"是始于清同治年间的特殊工艺，宜宾出好酒，因此也出好的醪糟，以上等醪糟制配糟蛋一至三年可成，其产品特点是"蛋质细嫩柔和、蛋黄殷红、蛋白橙黄、醇香清幽、油沙可口、食味鲜香、余味绵长"。

　　范用在解读这封笺文时也提到汪曾祺的禁酒问题，说："曾祺夫人施松卿早就告诫我，不要再拉曾祺喝酒，我遵守了。我和曾祺最后一次喝酒，是九七年春间，喝的啤酒，只能算是饮料；那是永玉归来的一次欢聚，还拍了照，我们面前每人一大杯扎啤。不料五月份他就去世了，哀哉！"

　　1992年1月，汪曾祺照常致信范用诗一首：

不觉七旬过二矣，何期幸遭岁交春。鸡豚早办须兼味，生菜偏宜簇五辛。薄禄何如饼在手，浮名得似酒盈樽。寻常一饱增惭愧，待看沿河柳色新。

此时的汪曾祺已经是七十有二，诗中虽有沧桑心意，但是他还是乐此不疲地谈起了美食之道，使人在新春之际，再一次升起对未来的希望。因此范用引用汪曾祺的话说：

曾祺说过："我希望我的作品能有益于世道人心，我希望使人的感情得到滋润，让人觉得生活是美好的，人，是美的，有诗意。你很辛苦，很累了，那么坐下来歇一会，喝一杯不凉不烫的清茶，——读一点我的作品。"感谢曾祺，每到春节总不忘记我，送来"一杯不凉不烫的清茶"，使我的感情得到一次滋润，使我陶醉在诗意之中。丙子岁末还画一《桃源竹林小鸟》小条幅给我，使我倍感春息。

范用是幸运的，因为他有汪曾祺这样的好友，每年都不忘记送他画幅、清茶、食谱，是心意，也是真情。汪曾祺也是快活的，因为有范用这样的知己，他懂得那些信笺中的深意，懂得那些小品画里的古雅，更懂得那些食谱的真正美味。

很喜欢范用为汪曾祺编辑的一本书——《晚翠文谈新编》，范用写了简单的前言，最后一句是："日子过得真快，转眼曾祺兄辞世已经五年，印这本书聊表怀念之情。"

我想范用怀念的不仅仅是汪曾祺这位好友，还有那些畅快的欢聚时光，那些与友人一起对美食品头论足的舌尖之味。

龙井茶与萝卜干

首先说明一下：这次拙著《牙祭岁月》在鲁迅博物馆的鲁迅书店举行"阅读邻居"读书会，非常感谢汪朗先生亲临现场参加讨论。在读书会上，我读了汪曾祺先生有关饮食的感悟，这段话曾使我受到无穷的鼓舞：

> 舍伍德·安德生的《小城畸人》记一老作家，"他的躯体是老了，不再有多大用处了，但他身体内有某种东西却是全然年轻的"。我希望我能像这位老作家，童心常绿，我还写一点东西，还能陆陆续续地写更多的东西。这本《旅食与文化》会逐年加进一点东西，活着多好，我写这些文章的目的也就是使人觉得：活着多好。

是的，活着多好啊，饮食的最大目的是活着，但是我们的吃又常常不仅局限于"活着"二字。好好吃饭，不仅仅是为了生活，更是一种积极的、阳光的生活态度。因此，我们对吃的追求有时是会自动升华，会走向形而上，就像是我们小时候吃的一些民间食物，当时就是"不过如此"的滋味，但在时间的长廊里，它们却会渐渐发酵，会生发出另外一些丰富的滋味，如同乡愁一样浓郁而绵长，如同过往的人生，说不清道不明，却又那么令人神往……

喝茶

汪曾祺先生说他小时候就看着祖父喝"酽茶"，就是很浓的茶。

汪曾祺的祖父汪嘉勋是清朝的"拔贡"，很有旧学的底子，在汪曾祺五年级暑假的那年，祖父突然起兴为汪曾祺讲《论语》，并教授他书法。

汪曾祺写祖父生活节俭，但对喝茶却很讲究："他是喝龙井的，泡在一个深栗色的扁肚子的宜兴砂壶里，用一个细瓷小杯倒出来喝。他喝茶喝得很酽，一次要放多半壶茶叶。喝得很慢，喝一口，还得回味一下。"

祖父有时喝高兴了，拿个杯子出来让汪曾祺一起跟着喝。自此，汪曾祺知道了有一种茶叫龙井，并且就此学会了喝酽茶。在参加工作后，有一次，有女同事尝了一口汪曾祺的茶，说"跟药一样"。

后来，汪曾祺南来北往到处游走，也品尝了各式各样的红茶、绿茶及茉莉花茶。有一年，汪曾祺在巴金家喝了一次工夫茶，陈蕴珍（萧珊）表演茶道，在座的有巴金、章靳以、黄裳等。那种工夫茶的程序和花样，很是为汪曾祺所欣赏，过了很多年后还是令他记忆犹新。

使他记忆深刻的还有一次在杭州虎跑品尝龙井茶："真正的狮峰龙井雨前新芽，每蕾皆一旗一枪，泡在玻璃杯里，茶叶皆直立不倒，载浮载沉，茶色颇淡，但入口香浓，直透肺腑，真是好茶！只是太贵了。一杯茶一块大洋，比吃一顿饭还贵。

狮峰茶名不虚，但不得虎跑水不可能有这样的味道。我自此方才知道，喝茶，水是至关重要的。"

汪曾祺谈到喝茶真是津津乐道，而且句句是行话。好茶一定离不开好水。这也是我在参与做茶过程中的亲身体会。古人说泉水、雪水、江水、井水煮茶滋味全都不同，即使是同样的泉水煮不同的茶，滋味也是差异很大。以喝苏州碧螺春为例，亦足可见汪曾祺对茶的悟道能力和品鉴经验。来看看他的记录：

> 龚定庵以为碧螺春天下第一。我曾在苏州东山的"雕花楼"喝过一次新采的碧螺春。"雕花楼"原是一个华侨富商的住宅，楼是进口的硬木造的，到处都雕了花，八仙庆寿、福禄寿三星、龙、凤、牡丹……真是集恶俗之大成。但碧螺春真是好。不过茶是泡在大碗里的，我觉得这有点煞风景。后来问陆文夫，文夫说碧螺春就是讲究用大碗喝的。茶极细，器极粗，亦怪！

在这次读书会上，我说自己写美食受两位作家的影响：一位是在苏州的陆文夫，泰兴人，原属于扬州；一位是汪曾祺，高邮人，也属于扬州。也就是说两位扬州籍的作家影响了我这个新苏州人的味蕾和拙笔。陆文夫几乎是写了一辈子苏州的事，但在碧螺春茶这事上，先生的确是了解不够。有段时间我跟着好友顾建新参与做碧螺春茶，深知这种茶的本性。它的季节性极强，保证其新鲜度就是那两三个月的事情。这种茶很娇嫩，有人说它属于"小姐茶"，因此早期采摘时甚至都要未婚女子，并且放在胸前"暖着"。制作这种茶尤其费劲，劲儿小了怕功夫不到，劲儿大了又怕伤到它。浑身是细嫩毫毛的碧螺春，又名"吓煞人香"，如何让这种茶的本味之香充分散发出来，不只是在于制作，还在于泡。在泡这种茶时，最好是以透明玻璃杯或玻璃碗，用山泉水或纯净水。这种水水质澄清，没有杂质，且水质量较轻，在日本则称之为"软水"。

刚烧出来的 100 摄氏度开水不行，须待凉到 80 摄氏度左右为宜，先倾倒热水，再投放茶叶。上好的茶叶在炒制后通常先放置几日"退火"，然后整理打包入冰柜冷藏，以保证它的原汁原味。汪曾祺所写的苏州东山"雕花楼"曾是我的一位潘姓好友管理，因此对于其中历史有所了解。此楼又称"春在楼"，典出清代诗人俞樾句"花落春仍在"。楼主金家可谓是富豪之家，倾巨资修筑"雕花楼"，雕花密集，俗是俗了一点，倒也留下了不少值得称道的细腻工艺。每年我去的时候，潘经理总会以碧螺春茶招待，必是以玻璃杯泡制，茶汤碧绿，原本微微卷曲如螺的茶叶渐渐舒展开来，"一旗一枪"尽显明前的清光，幽幽的清香暗暗袭来，不要说喝了，就是看着、闻着就觉得美了。因此汪曾祺很不能接受用大瓷碗喝如此细腻的茶种。

汪曾祺还写道："茶可入馔，制为食品。杭州有龙井虾仁，想不恶。裘盛戎曾用龙井茶包饺子，可谓别出心裁。"其实碧螺春不仅是名茶，亦可烹成名菜，如至今仍在"松鹤楼""得月楼""老苏州茶酒楼"畅销的"碧螺虾仁"，可谓色、香、味俱佳。我相信陆文夫会请汪曾祺吃过的，要知道"老苏州茶酒楼"就是陆文夫创始的。

我记得杨早兄曾提及过，说汪老是真懂茶的，说他曾在汪家喝过汪老泡的一杯茶，玻璃杯，小半杯茶叶，绿茶，浓郁清香，估计泡的就是碧螺春。还说汪老临去世前就提出要喝一杯碧绿透亮的茶，不知道是不是就是指碧螺春。

为此我去查了汪曾祺的著作，我发现他指向的是另外一种茶："后来我到了外面，有时喝到龙井茶，会想到我的祖父，想起孟子反（小时候祖父教他"孟子反不伐义"）。"

我想，汪曾祺一定是在临终前想到了龙井茶。

在这次读书会上，"阅读邻居"创始人之一邱小石说：

"人们的味蕾都差不多，对什么是好吃的却有很大差异，小时候品尝到的味道，就像基因的植入，味觉就给定型了，于是每个地方都会有自己独特的味道，而自己也最喜欢吃家乡的东西。"

我想，汪曾祺就是在小时候有关茶的味蕾被祖父无意中植入了龙井的味道，从而一生念想。

1997 年 5 月 11 日夜里，汪曾祺因病住进了医院，到了 5 月 16 日，汪老突然想喝口茶水，对女儿汪朝说"给我来一杯碧绿透亮的龙井"，据说医生开始不同意，后来才勉强同意以茶水沾唇。作为女儿，汪朝当然知道父亲的嗜好，于是急赶回家取茶，只是遗憾的是汪曾祺先生猝然离世，这口龙井茶成为他最后在人间的牵挂。

下次去高邮，我一定要带点龙井，再带点碧螺春，用高邮湖的水，泡点茶遥敬汪老"尝尝"！

萝卜

我这次去北京参加新书发布活动，并特别去拜访了几位心仪的专家老师，如名人书札鉴藏名家方继孝先生、著名古籍藏书家韦力先生。那天，在国子监附近与绿茶兄、韦力先生就餐时，吃的是北京涮锅，很过瘾。途中，韦力先生点了一盘凉拌萝卜皮，

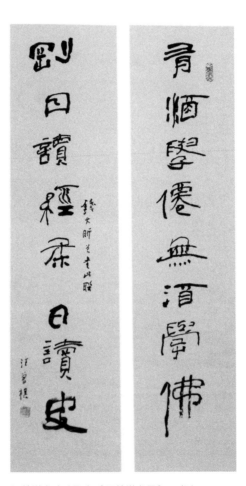

汪曾祺书法（取自《汪曾祺书画》一书）

尤其开胃。用红辣油调制的心里美萝卜皮，脆爽，微辣，又微甜，吃起来心里真是美美的，一想到此我觉得韦力先生肯定也很会吃。

"我吃过苏州的春不老，是用带缨子的很小的萝卜腌制的，腌成后寸把长的小缨子还是碧绿的，极嫩，微甜，好吃，名字也起得好。"这是汪曾祺对于苏州腌菜的印象，至今苏州甪直还有"春不老"售卖，应该说汪曾祺先生给做了一个大大的广告。

我很好奇，汪曾祺家乡高邮的萝卜会怎么做呢？在收到高邮任俊梅奶奶寄来的腌制萝卜干后，更使我想再多了解一些。

汪曾祺写道："杨花萝卜即北京的小水萝卜。因为是杨花飞舞时上市卖的，我的家乡名之曰：'杨花萝卜'。这个名称很富于季节感。我家不远的街口一家茶食店的屋下有一个岁数大的女人摆一个小摊子，卖供孩子食用的便宜的零吃。杨花萝卜下来的时候，卖萝卜。萝卜一把一把地码着。她不时用炊帚洒一点水，萝卜总是鲜红的。给她一个铜板，她就用小刀切下三四根萝卜。萝卜极脆嫩，有甜味，富水分。自离家乡后，我没有吃过这样好吃的萝卜。或者不如说自我长大后没有吃过这样好吃的萝卜。小时候吃的东西都是最好吃的。"

小时候吃的东西到底能够影响我们的味蕾多久？这也是此次读书会上广受关注的话题。我相信汪曾祺后来对于杨花萝卜的热爱，一定是源于童年的味蕾记忆。在高邮有这样的童谣曰："人之初，鼻涕拖；油炒饭，拌萝菠。"

汪曾祺在自制家常酒菜中就有一味"拌萝卜丝"：

　　小红水萝卜，南方叫"杨花萝卜"，因为是杨花飘时上市的。洗净，去根须，不可去皮。斜切成薄片，再切为细丝，愈细愈好。加少糖，略腌，即可装盘，轻红嫩白，颜色可爱。扬州有一种菊花，即叫"萝卜丝"。临吃，浇以三合油（酱油、醋、香油）。

或加少量海蜇皮细丝同拌，尤佳。

在绘画作品中，也常见汪曾祺画萝卜，并作题跋："吾乡有红萝卜、白萝卜，无青萝卜。"

我记得今年开车去高邮时，正是杨花飘飘的时候，沿大运河一带有多种杨树，花落纷纷，简直如雪，此时我就想到了汪曾祺写过的"杨花萝卜"。欣慰的是，在高邮我吃到了干贝白烧萝卜，萝卜小如大枣，看样子像是用刀拍了一下，以便荤汤入味，萝卜酥软，汤汁鲜美。我记得汪曾祺曾为台湾的女作家做过这道菜，女作家吃得赞不绝口。

汪曾祺说，家乡的"杨花萝卜"多是红烧、素烧，或是与猪臀尖肉同烧。

当然，汪老也提到了家乡的腌制萝卜：

> 我们那里，几乎家家都要腌萝卜干。腌萝卜干的是大红圆萝卜。切萝卜时全家大小一齐动手。孩子切萝卜，觉得这个一定很甜，尝一瓣，甜，就放在一边，自己吃。切一天萝卜，每个孩子肚子里都装了不少。萝卜干盐渍后须在芦席上摊晒，水汽干后，入缸，压紧，封实，一两个月后取食。

汪曾祺写的这个腌制过程使我想到了高邮王树兴兄写过的家里腌制大咸菜的辛苦过程，更想到了任老师提到的亲家腌制萝卜干的过程，于是我更加用心去品味来自高邮的这一瓶浅酱色萝卜干。那天在高邮汪曾祺故居，也就是小说《异秉》中在保全堂外卖熏烧的王二原型"二子蒲包肉"店面附近，我就看到了腌渍的"杨花萝卜"。红艳艳的外皮，雪白的内瓤，被刀拍得咧着嘴的小萝卜滋润地躺在料汤里，闻上去就有一股清新的香味。真想捏一个尝尝鲜！

看汪曾祺曾多次写过萝卜，还写过他在张家口劳动时收萝卜的经历，使我想到了小时候老家收获萝卜的场景。我们老家种的是青萝卜，也就是汪曾祺所称的"卫青"。收萝卜时已经过了立冬节气，初冬的寒天双手冻得通红，与青白的大萝卜形成鲜明的对比。这种萝卜肉质很脆，生吃微辣，适合烧肉或者炖汤。这种品种或许就是汪曾祺所说的"露八分"，即在土外露出来的部分是青的，埋在土里的则是雪白的。

在《果蔬秋浓》里，汪曾祺曾忆起创作样板戏时半夜改稿吃凉拌小萝卜的往事，真是复杂而又温馨的一段历史。

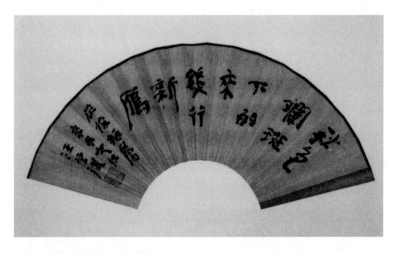

汪曾祺写给任俊梅的书法扇面

秦邮旧味

汪味馆的家常菜

有段时间在高邮参加一个纪念汪曾祺的系列活动，几乎每天都能吃到汪曾祺笔下的食物。尤其是在汪味馆分店开业的那一天，更是有很多道菜肴与汪曾祺有关。在此不妨依靠舌尖上的记忆即兴写一篇小文与朋友们分享。

"汪豆腐"与油条塞肉

在高邮，很多当地人说"汪豆腐"与汪曾祺有关，但是汪曾祺长子汪朗却说这道菜与他们家没有关系，"汪豆腐"中的"汪"应该是"水汪汪"的意思。不过汪曾祺一定吃过这味高邮乡土菜，我在好几家饭店都尝到了这味水汪汪的豆腐羹。

后来我查询汪曾祺的书才发现，汪朗先生没说错，这味菜并非汪曾祺的发明。汪曾祺自述："'汪豆腐'好像是我的家乡菜。豆腐切成指甲盖大的小薄片，推入虾籽酱油汤中，滚几开，勾薄芡，盛大碗中，浇一勺熟猪油，即得。叫作'汪豆腐'，大概因为上面泛着一层油。"

我在汪味馆吃到的"汪豆腐"做法大概与汪曾祺所述差不多，但是现在"汪豆腐"里还有小小的鸭血块，吃着滑滑的、润润的。观之则有红（小血丁）、白（嫩豆腐）、绿（小蒜段），颜色好看，还有一层金黄色，则是清香的菜籽油。我在高邮待了几天发现，当地人正在收获油菜籽，也就是说家家户户都喜欢吃菜籽油。

这碗"汪豆腐"上来时还配着油条段，而且是塞了肉的。这道菜就与汪曾祺分不开了。

在汪曾祺的著作中就有这样的记录："油条两股拆开，切成寸半长的小段。拌好猪肉（肥瘦各半）馅。馅中加盐、葱花、姜末，如加少量榨菜末或酱瓜末、川冬菜末，亦可。用手指将油条小段的窟窿捅通，将肉馅塞入，逐段下油锅炸至油条挺硬，肉馅已熟，捞出装盘。此菜嚼之酥脆。油条中有矾，略有涩味，比炸春卷味道好。"

汪曾祺还特别强调："这道菜是本人首创，为任何菜谱所不载。很多菜都是馋人瞎琢磨出来的。"

不过中国社科院的文学研究员杨早在品尝时说自己的长辈也会制作这道菜，因此应该说是汪老的改良。"天下第一汪迷"、学者苏北则说，这道菜应该是汪老发明在前，你家人可能是看了他的书之后学做的。

总之，这道菜当天很受欢迎，我尝了一下，油条酥脆，肉馅糯糯的，内外有别，口味丰富。

虎头鲨和昂嗤鱼

那天在高邮参加活动，得以有机会驾车载汪朗先生及其夫人刘女士一程。路上讨论汪老笔下的美食，我说这次还没吃到昂嗤鱼，汪老曾经拿苏州的这种鱼与高邮的鱼做过对比。汪朗先生说，你看书可是看得够细啊，"老头儿（汪朗对父亲的称呼）"说这东西在家乡很贱（就是多的意思），说苏州叫塘鳢鱼。我暗暗想，这也能看出长子对父亲著作的耳熟能详。

汪曾祺写过，家乡高邮虎头鲨和昂嗤鱼比较多，因此上不得席面，现在是变得金贵了。他说："苏州人特重塘鳢鱼，谈起来眉飞色舞。我到苏州一看：嗐，原来就是我们那里的虎头鲨。虎头鲨头大而硬，鳞色微紫，有小黑斑，样子很凶恶，而肉极嫩。我们家乡一般用来氽汤，汤里加醋。"

其实这也是苏州人的做法，塘鳢鱼肉并不多，煲汤极鲜，放点黑胡椒粉味道更佳。我家岳母常常炖汤给孩子喝。正如汪曾祺先生所写："虎头鲨氽汤，鱼肉极细嫩，松而不散，汤味极鲜，开胃。"

关于虎头鲨与昂嗤鱼的区别，汪曾祺写过后者的样子，说："样子也很怪，头扁嘴阔，有点像鲇鱼，无鳞，皮色黄，有浅黑色的不规整的大斑，无背鳍，而背上有一根很硬的尖锐的骨刺。用手捏起这根骨刺，它就发出'昂嗤昂嗤'小小的声音。"这种鱼在高邮一般也是做汤的，但也有做炒鱼片的，谓之"炒金银片"，滋味美妙。

在高邮，当地人一再介绍说高邮的湖鲜太美了，就是源于美丽的高邮湖水质好，这里的鱼、虾、蟹都好吃。在高邮界首镇，我们还吃到了红烧泥鳅，肉质上佳，肥而不腻，瘦而不柴，好吃。

炒米炖蛋

炒米应该怎么吃？这次在高邮就体验到了别样的吃法。先来读读汪曾祺写作的片段：

小时读《板桥家书》："天寒冰冻时暮,穷亲戚朋友到门,先泡一大碗炒米送手中,佐以酱姜一小碟,最是暖老温贫之具",觉得很亲切。郑板桥是兴化人,我的家乡是高邮,风气相似。这样的感情,是外地人们不易领会的。

在汪味馆分店开业的宴席上就出现了一道"炒米炖蛋"。圆圆的砂锅里盛放着这道羹一样的菜式,上面一层是炒得淡黄喷香的米粒子,下面是炖蛋。舀一勺放在嘴里,融酥软滑润于一体,太好吃了。米炒得很透,蛋也炖得很透。稻米的原香,鸡蛋的原味,全都被打破了,形成了一种崭新的形态和味道。这道菜接连几天都很受欢迎,使我几乎忘记了小时候吃的炒米糖。

炒米还可以做其他菜式。

汪曾祺曾引经据典考据过"脍"的意思:

脍是什么?杜诗邵注:"鲙,即今之鱼生、肉生。"更多指鱼生,脍的繁体字是"鱠",可知。

杜甫《阌乡姜七少府设脍戏赠长歌》对切脍有较详细的描写。脍要切得极细,"脍不厌细",杜诗亦云:"无声细下飞碎雪"。

在汪味馆吃到一道菜,端上来时就是这种切得极薄的鱼片,轻薄得几乎可以吹一口气飞出去。我以为就是直接蘸酱吃了,就是有点类似于日本的生鱼片——其实日本生鱼片也是源于中国的食俗。不过还没等我们动筷子,服务员就把鱼端下去了,然后在后台注入高汤(怕烫了顾客),等再端上来时,就闻到了一股朴素的炒米香。汤面浮着一层炒米，如将要融化的雪粒，鱼片生熟程度正好，捞上来，夹一块放进嘴里，有一种鲜美的快意。鱼味还是鱼味，只是多了炒米滋味的浸润，变得更丰富了，更悠长了……

突然想到了汪曾祺说的一句话：为什么"切脍"生鱼活虾好吃？曰：存其本味。

蒲包肉

以前在汪曾祺书里读到过蒲包肉，一直以为是很大的蒲包，要用放在锅里烧卤的那种烹饪方式。

在高邮逛老街时有一次无意中看到一个摊子上放着几个类似藤编的小口袋，如婴孩拳头大小，花生形状，以为是工艺品，就问卖不卖。

摊主说这是蒲包肉，里面有肉的，肉卖，这个不卖的。

我这才知道蒲包肉的形状，而且之前也曾在宴席上吃过，还以为是灌香肠，但比灌香肠更嫩，更鲜美。

先来读汪曾祺的名篇《异秉》："蒲包肉似乎是这个县里特有的。用一个三寸来长直径寸半的蒲包，里面衬上豆腐皮，塞满了加了粉子的碎肉，封了口，拦腰用一道麻绳系紧，成一个葫芦形。煮熟以后，倒出来，也是一个带有蒲包印迹的葫芦。切成片，很香。"

说起来这种肉菜恐怕真是高邮特有的，反正我在其他地方没吃过。在这里是一道凉菜，切成薄片，可以蘸酱吃，也可以空口吃，佐酒极佳。

为了寻找这种蒲草，我曾找错了好几次，稻草、茭白叶、芦苇叶等。后来才知道，蒲草是一种会开花的水生植物，当地人说是水里长出来的那种中间抽出一根蜡烛样的东西，我就知道它叫"水烛"，北宋诗僧道潜曾咏："风蒲猎猎弄轻柔，欲立蜻蜓不自由。"

蒲包肉的绝妙处在于蒲包的编制，一个类似于小钱包的软兜，简直就是一件工艺品，可以反复利用不会被煮坏，而且清香淡雅。这本身就是一种地方民间工艺的体现。

蒲包肉中的肉料有淀粉和肥瘦猪肉，搭配比例则属于经验范畴。肉要先拌上作料腌制，放置一夜。然后装进蒲包里，用细麻绳扎紧口，再拦腰扎紧，形成一个葫芦状的样式，看上去很卡通。

把蒲包团放在高汤里大火煮小火炖，各家时间长短不一，而且作料秘方也不一，由此也形成了各种口味差异。一般大饭店都是预订现成的蒲包肉，因为这里面门道不少，花的都是大功夫。

汪曾祺笔下的"王二"一辈子就靠这味熏烧发财致富了，可见其魅力几许。如今在高邮就有王二原型"二子蒲包肉"的店铺，距离汪曾祺故居不远。我们都去买了尝鲜，好吃，当零食吃也很好。如果要连蒲包一起买就要多花两块钱，有北京的朋友就是连肉带包一起买，主要是因为实在是太喜欢了。

界首茶干

有几次到扬州，在街头看到骑行叫卖"十二圩茶干"的游摊，于是就买了两袋尝尝，感觉味道还不够醇厚。曾在《扬州竹枝词》里看到过介绍，说仪征十二圩，在清朝被称为"食盐之都"，那里出产的五香茶干，有"茶干之王"之誉。

后来我又在扬州东关街上看到过卖界首茶干，我还以为是安徽界首市的茶干，没理会。这次在高邮去界首镇芦苇荡游玩，就尝到了真正的界首茶干。

汪曾祺曾写过：

茶干是连万顺特制的一种豆腐干。豆腐出净渣，装在一个一个小蒲包里，包口扎紧，入锅，码好，投料，加上好抽油，上面用石头压实，文火煨煮。要煮很长时间。煮得了，再一块一块从麻包里倒出来。这种茶干是圆形的，周围较厚，中间较薄，周身有蒲包压出来的细纹，每一块当中还带着三个字："连万顺"，——在扎包时每一包里都放进一个小小的长方形的木牌，木牌上刻着字，木牌压在豆腐干上，字就出来了。这种茶干外皮是深紫黑色的，掰开了，里面是浅褐色的。很结实，嚼起来很有咬劲，越嚼越香，是佐茶的妙品，所以叫做"茶干"。

界首的茶干大概就是汪曾祺写的那个样子，可惜未见全貌，因为我们是在饭店吃的。切成细丝的茶干与火腿丝烩制，连汤带菜，极其鲜美，且有一种无法言说和无法隐喻的美味。很多年轻人都说这道菜好吃，于是就紧盯着这道菜吃，还有人在网上下单买了界首茶干回去自己做菜吃。

阳春面

最后说一道主食吧。

汪朗先生说，父亲在北京的家里养成了早起的习惯，每天早上七点多起床，做一碗改良版的阳春面，面的底子还是阳春面，但会加一点提鲜的豆瓣儿。

在高邮，有一道主食就是阳春面。那天在宴席上，与我邻座的"汪曾祺学校"一位校领导一再向我推荐这碗面，说你一定要尝尝，并说我们当地人早晨起来几乎都不做饭的，都是去街头吃碗阳春面。

苏州也有吃早面的习俗，只是两地的面有什么区别呢？

等我吃了这碗面才发现，真的不一样。好吃得无法形容，鲜美，得意。面里几乎没有其他的肉菜，没有浇头，就是细细的水面，不是挂面，也不是手擀面。虽然面细如龙须，但却很有韧性，而且面放久了也会稀烂或坨了。

在座的有位大厨师，还要求与汪朗先生合影。他欣然同意，并笑说，我最喜欢大厨了。看来汪家爱美味是有"家传"的。

随后这位大厨介绍，高邮阳春面的要点在汤上，要用上好的酱油（生抽、老抽都有）加香料熬制，要熬上一整夜，拌上猪油或麻油，还要放胡椒粉，必须是黑胡椒。还有和面时放"死碱"，这样确保面条放久了不会黏在一起。

最为关键的是，这碗面汤里还有虾籽，也就是高邮湖的虾籽，不是河虾，不是塘虾，必须是湖虾。虾籽酱油熬煮成鲜美无比的面汤，才能成就这碗无与伦比的阳春面。

最后在"汪曾祺学校"食堂的招待宴上，我吃得最多的就是这碗阳春面，连汤和面一起吃喝个精光。

由此我就想到自己前段时间在苏州向朋友们极力推荐的顾家秘制虾籽酱油，取自太湖的虾籽，与上好的生抽精心熬制在一起，那是一种怎样的美味呢？也许只有尝过鲜的朋友才能分享出来。

汪味家常菜（一）

有一次在京城拜访"老饕"赵珩先生，他曾与汪曾祺多次同桌用餐，用他的话说，汪先生笔下的美食几乎没有山珍海味，大多是家常小菜。我个人也以为这正是汪先生的可爱之处。汪曾祺曾撰文提及，他其实对美食家袁枚很不感冒，因为他说袁只会吃不会做，而汪曾祺则是会吃会做的真正的美食家。这里不妨介绍几味。

干丝

说到干丝，总与扬州脱不开干系。我每次到扬州都会吃到干丝，荤汤煮干丝、麻油拌干丝。这次到高邮，在酒店吃早餐总忍不住夹几筷子干丝吃。在一次高邮文友聚会餐上也吃到了煮干丝。

有关干丝，汪曾祺曾写过："干丝是扬州菜。北方买不到扬州那种质地紧密，可以片薄片、切细丝的方豆腐干，可以豆腐片代，但须选色白、质紧、片薄者。切极细丝，以凉水拔二三次，去盐卤味及豆腥气。"

有一次与扬州文友谈到汪曾祺与扬州，有人说汪曾祺好像对扬州没有什么感情。为什么这么说呢？有文友说汪先生笔下几乎很少出现扬州的人和事，只有一次在小说《落魄》里写到了一个扬州人，还是一个不讨人喜欢的角色。

对于这个角色，我还特地去查过原文，发现这位扬州人在云南开了家饭馆，馆子里的常备菜只有几个：过油肉、炒假螃蟹、鸡丝雪里蕻，却都精致有特点。"有时跟他商量商量，还可请他表演几个道地扬州菜：狮子头、煮干丝、芙蓉鲫鱼……"

可惜限于抗战时期在异地受食材有限的影响，很多扬州菜都做不了。在小说的最后也是这样一句话："对这个扬州人，我没有第二种感情，厌恶！我恨他，虽然没有理由。"

对此，在高邮参加活动的几位"汪迷"都认同一个观点，那就是汪曾祺几乎没有在扬州长待过，更谈不上对扬州存在偏见。为此我也曾向汪朗先生请教过，他也知道这种所谓的偏见说法，但也不能主观认定就是他不喜欢扬州，因为他与扬州也没有什么交集，上学去江阴也只是路过扬州。

而我却认定汪曾祺对扬州是有感情的，因为在他的美食文章中不乏对扬州菜的褒扬和肯定，甚至还在家里学着做，譬如干丝。

汪曾祺说："干丝本不是'菜'，只是吃包子烧麦的茶馆里，在上点心之前喝茶时的闲食，现在则是全国各地淮扬菜系的饭馆里都预备了。"言语中充满了亲切的感情。

现在在扬州吃早茶，一定要尝两道干丝才算数，那就是煮干丝和拌干丝，因为各是各的味道。汪曾祺说：

> 干丝。这是淮扬菜。旧只有烫干丝。大白豆腐干片为薄片（刀工好的师傅一块豆腐干能片十六片），再切为细丝。
>
> 酱油、醋、香油调好备用。干丝开水烫后，上放青蒜末、

姜丝（要嫩姜，切极细），将调料淋下，即得。这本是茶馆中在点心未蒸熟之前，先上桌佐茶的闲食，后来饭馆里也当一道菜卖了。

煮干丝的历史我想不超过一百年。上汤（鸡汤或骨头汤）加火腿丝、鸡丝、冬菇丝、虾籽同熬（什么鲜东西都可以往里搁），下干丝，加盐，略加酱油，使微有色，煮两三开，加姜丝，即可上桌。

在提到这道菜时，汪曾祺还特别引用了袁枚的话"有味者使之出，无味者使之入"，说"干丝切得极细，方能入味"。

好的干丝菜吃起来没有豆腥味儿，干丝入味不烂，还要有点嚼劲儿，汤汁清鲜。放作料都是为了增色加分，而不破坏豆制品的原味。汪曾祺提到了一个关键点，两种干丝的做法都少不了加姜丝，且多多益善。汪曾祺说他有一次在家里做煮干丝给聂华苓吃，聂华苓最后连汤都一起喝光了。

茨菰

在离开高邮的最后一顿饭上，出现了一道菜：汪氏慈姑红烧肉。是的，我没写错，菜单上是这么写的。汪曾祺则一直用"茨菰"二字，其实是相通的。

那天在高邮，我在路上和汪朗先生闲聊，说汪曾祺早期不喜欢吃茨菰。他说是的，因为小时候吃多了，家乡发大水，老吃那个，吃"伤"了。但是后来偶尔一次机会，汪曾祺又对茨菰恢复了亲切的情感，甚至常常去菜场买来做给家人吃。

在吃茨菰烧肉的时候，我发现大家都先挑着茨菰吃。搭着酱色的茨菰块，一看就是对半切的，夹一个放在嘴里，仿佛肉味。肉的荤汤早已浸入茨菰，含在嘴里轻轻咀嚼，不同于土豆的沙，不同于芋芳的糯，也不同于萝卜的脆，它就是旗帜鲜明的茨菰味道，有一股独特的清香味。如果你再夹一块五花肉在嘴里，就会品味到肉味里的这股独特的清香。这种水生植物在江南被称为"水八仙"之一，当然自有一股仙气。

汪曾祺小时候因为家里发大水，各种作物减产，唯有这种水生植物丰收，结果全家人就靠这味为生。汪曾祺写道：

> 我十九岁离乡，辗转漂流，三四十年没有吃到茨菰，并不想。
>
> 前好几年，春节后数日，我到沈从文老师家去拜年，他留我吃饭，师母张兆和炒了一盘茨菰肉片。沈先生吃了两片茨菰，说："这个好！格比土豆高。"我承认他这话。吃菜讲究"格"的高低，这种语言正是沈老师的语言。

正是因为久违了的原因，汪曾祺每次去菜场都会买一点茨菰回来掺肉炒，家里人不大吃，他就一个人包圆了。有人问他什么是茨菰，他说"这可不好回答"。

汪曾祺因为浓浓的乡愁而想念茨菰的味道，想念家乡的咸菜茨菰汤，那一碗浓郁的咸菜汤勾起的是淡淡的故乡雪忆。

最后说下要点，茨菰无论是烧肉还是烧汤，一定要去皮，去嘴子，这样不只是为了口味好，而且还能去涩味，去除可能出现的铅残留。

双黄蛋

　　没到高邮之前，我是没有吃过双黄蛋的。这次去了之后，发现酒店的早餐也都是单黄蛋。几位从北京来的"汪迷"女研究生们很委屈地说，吃了几次饭，还没有吃到双黄蛋呢。我带着几位研究生去古城老街购买老奶奶编织的端午节挂蛋网兜时，她们又在念念双黄蛋的味道。

　　双黄蛋，一个听起来就很上口的名字，使人浮想那种金黄雪白的颜色，而且是双层黄白的颜色，丰富极了。

　　汪曾祺说，每当他到外地介绍自己的籍贯高邮，人家就会说你们那里出咸鸭蛋，"好像我们那穷地方就出鸭蛋似的！"汪曾祺写过："高邮还出双黄鸭蛋。别处鸭蛋味道也偶有双黄的，但不如高邮的多，可以成批输出。双黄鸭蛋味道其实无特别处，还不就是个鸭蛋！只是切开之后，里面圆圆的两个黄，使人惊奇不已。"

　　人们形容美食常用"色香味俱全"，其实还有一个形也不可忽视。双黄蛋的形就很美，对切，装盘，围成圆形，看起来就很美，仿佛小时候玩的万花筒。鸭蛋黄看上去色泽绛红，油滋滋的，吃在嘴里有一种别样的沙沙感，蛋白则是润滑的感觉，有点类似咸果冻的味道。

　　汪曾祺说，老饕袁枚写的东西都是听来的，他并不会做菜，因此看不上，但唯独觉得他写的腌蛋还算靠谱："腌蛋以高邮为佳，颜色红

我收集的1958年出版的《高邮咸蛋》书影（1）（2）

而油多，高文端公最喜食之。席间，先夹取以敬客。放盘中，总宜切开带壳，黄白兼用；不可存黄去白，使味不全，油亦走散。"

在离开高邮之前，我们有幸吃到了正宗的高邮双黄蛋，味道的确不凡，使人想到了清澈的高邮湖水，成群的纯种高邮麻鸭。蛋壳泛青，蛋黄如湖畔中的落日，地上一个黄，水中映着一个黄……

我人还未到家，在高邮买的双黄蛋已经到家了，家人满怀期待地切开，孩子更是惊讶地叫起来：真是两个黄呢！我还带了高邮老奶奶用彩色绒线编织的"鸭蛋络子"，期待端午节那天给孩子挂上一个鸭蛋，今年，一定要挂一个双黄蛋，有面儿！

蚕豆

我小时候对蚕豆最深的印象就是它的小花儿好看，蓝莹莹的，像是一只小蝴蝶似的，好看。对于蚕豆的吃法，我记得大多数是炒着吃和炸着吃。

阳春三月，蚕豆花败，嫩蚕豆剥出来，掺着蒜薹段炒着吃，可以单成菜，也可以下面条吃。

炸蚕豆米子，则是年节的一道下酒菜。蚕豆胚芽的一头用大剪刀剪一下，然后放油锅里炸至金黄色，捞出来拿细盐拌上，就是一道下酒的好菜。每到过年前家里都会炸制一批备用，我们小孩子都会偷着抓一把放兜里当零食吃。

这次在高邮吃到了一道菜——苋菜炒蚕豆仁。苋菜是春季的时令菜，蒜蓉苋菜、清炒苋菜，或者苋菜鸡蛋汤，都很相宜。苋菜炒蚕豆仁还是第一次吃到。蚕豆剥去内皮，只留嫩绿鹅黄的豆瓣；苋菜也是嫩嫩的茎叶，一炒泛出红汁；蚕豆瓣炒得糯糯的，牙齿不用力就能抿碎了，面面的，带着春天的芬芳，与红苋菜鲜味合二为一，使得这道菜的口味淡而有味，清而起香。

汪曾祺写过："我的家乡，嫩蚕豆连内皮炒。或加一点切碎的咸菜，尤妙。稍老一点，就剥去内皮炒豆瓣。有时在炒红苋菜时加几个绿蚕豆瓣，颜色既鲜明，也能提味。"

汪曾祺还提到了家乡一味"烂蚕豆"，北京人则称"烂和蚕豆"，就是把老蚕豆、盐和香料煮透了，捞出来可以佐酒。这就使人想到了鲁迅笔下的孔乙己喝黄酒吃的茴香豆，茴香豆就是蚕豆。鲁迅还称蚕豆为罗汉豆，汪曾祺认为可能这是绍兴的叫法。

在高邮汪味馆新店开业那天，上来一盘卤蚕豆，蚕豆是带皮爆炒过的，内皮微微有点焦黑，然后放入大蒜瓣一起卤制，吃起来很有嚼劲儿，而且越嚼越香，很适合下酒。

有关蚕豆的吃法还有很多，譬如豆瓣鸡蛋汤，还可以制成郫县豆瓣。汪曾祺最喜欢《植物名实图考》作者吴其濬写蚕豆的诗：

　　夫其植根冬雪，落实春风，点黦为花，刻翠作荚。与麦争场，高岂藏雄；同葚共熟，候恰登蚕。嫩者供烹，老者杂饭，干之为粉，妙之为果。

蚕豆亦可入诗，可谓大俗大雅。

狮子头

先来看一段汪曾祺的描述：

　　狮子头是淮安菜。猪肉肥瘦各半，爱吃肥的亦可肥七瘦三，要"细切粗斩"，如石榴米大小（绞肉机绞的肉末不行），荸荠切碎，与肉末同拌，用手挼成招柑大的球，入油锅略炸，至外结薄壳，捞出，放进水锅中，加酱油、糖，慢火煮，煮至透味，收汤放入深腹大盘。

汪曾祺上来就说狮子头是淮安菜，恐怕会引起很多扬州人的不认同。要知道在扬州请客，餐桌上必会有狮子头，就连酒店的早餐都会有狮子头。这次在高邮我就吃了好几次狮子头，有过油炸的，有清汤煮的，有四五个一碗的，也有一大碗独有一个狮子头的。

从汪曾祺的描述中我大胆猜测，在他的成长过程中，扬州文化对他的影响可能真的不大。为了说明狮子头是淮安的家常菜，汪曾祺还有补充说明：

　　我在淮安中学读过一个学期，食堂里有一次做狮子头，一大锅油，狮子头像炸麻团似的在油里翻滚，捞出，放在碗里上笼蒸，下衬白菜。一般狮子头多是红烧，食堂所做却是白汤，我觉最能存其本味。

据说狮子头源自隋代，有人认为其状如将军，如雄狮威武，故其名。《清稗类钞》载："狮子头者，以形似而得名，猪肉圆也。猪肉肥瘦各半，细切粗斩，乃和以蛋白，使易凝固，或加虾仁、蟹粉。以黄沙罐一，底置黄芽菜或竹笋，略和以水及盐，以肉作极大之圆，置其上，上覆菜叶，以罐盖盖之，乃入铁锅，撒盐少许，以防锅裂。然后以文火干烧之，每烧数柴把一停，约越五分时更烧之，候熟取出。"

我在高邮吃的几次狮子头，似乎都没有吃到荸荠碎丁，而在扬州的淮扬菜馆则都吃到了带荸荠的狮子头。有关蔬菜的搭配，扬州的多以整根青菜为主，而且多是一客一盅。清莹莹的荤汤滋润着狮子头，菜叶青青，像是雨后的新绿。狮子头很烂，要用勺子挖着吃，放在嘴里似乎会自动融化，软糯可口。软糯的肉馅夹杂着荸荠的清香，吃得人美滋滋的；边吃边喝汤，最后吃完了还觉得意犹未尽。

狮子头就是淮扬菜。淮安也好，扬州也好，谁做得好就是谁的，什么都可以被欺骗，唯有舌尖会忠诚地守护着我们的味觉。

咸菜

在成长的过程中，恐怕没有谁会没有吃过咸菜。如萝卜干、腐乳、豆瓣酱、酱黄瓜、腌洋姜、酱莴苣等等。在物资匮乏的年代，咸菜下饭、佐粥、佐酒是再好不过了。

我们家奶奶会做腌酱豆子，母亲会做腌萝卜干，姨妈会做腐乳，干妈会腌制糖蒜和翡翠蒜。记得小时候大人忙没空照顾我们，我们饿了就自己拿馒头包着萝卜干凑合一顿饭。在奶奶家吃早饭时会有酱豆子炒青辣椒，好吃极了。

汪曾祺说："咸菜可以算是一种中国文化。"外国即使有，也不可能有中国这么丰富而多味。

在高邮老街，在汪曾祺故居的那条街上，我看到了好几家咸菜店，咸菜的品种琳琅满目，可谓丰富。在酒店用早餐，会有酱黄瓜、酱洋姜片、腐乳、榨菜等。我总是每样来一点，喝粥或是吃小馒头再合适不过了。

汪曾祺曾写过："我的家乡每到秋末冬初，多数人家都腌萝卜干。到店铺里学徒，要'吃三年萝卜干饭'，言其缺油水也。中国咸菜多矣，此不能备载。如果有人写一本《咸菜谱》，将是一本非常有意思的书。"

汪味馆分店开业的那天，我记得"汪味十碟"里是有咸菜的，可惜只顾着吃，忘记了具体滋味。以高邮人对滋味的细腻要求，我想咸菜一定会做得非常地道和美味，况且这里的食材又是那么的新鲜和丰富。

我记得高邮有一道小菜叫"老咸菜烧小鱼"。所谓老咸菜就是腌了十几天的雪里蕻，小鱼呢，就是白鲦、软鲦、鳑鲏儿、毛刀鱼等。那天在老街上一位老太太端着一盆处理好的小鱼问我买否，说是"窜鱼"。我们老家是叫"窜条鱼"，不大，刺多，可以炸着吃，也可以烧咸菜，非常鲜美。老太太说鱼是高邮湖的，一盆才要十元钱。

一看这些小鱼，我就无端地想到了配咸菜红烧。

回到苏州后，我看高邮的任老师发微信说，高邮湖开捕了，我就想到了那些活蹦乱跳的小杂鱼，于是就继续想着高邮的腌咸菜。

汪曾祺说咸菜是文化真是没错，这是中国几代人骨子里的饮食文化，也是生活文化。我最近正在与友人做一家百年老字号"顾得其"的酱菜恢复工作。我想，如果有机会的话，我会自不量力试着写一册《咸菜谱》，圆汪老的一个小小梦想。

汪味家常菜（二）

这个端午节看到高邮任老师在晒"高邮十二红"，不免眼馋心痒嘴巴淡，真想飞过去亲自尝尝"十二红"。曾在苏北待过的岳母说，高邮是个好地方，人会吃，日子过得滋润，只要不发水灾，生活都还可以的。我表示赞成，一个地方的人很会弄着吃，说明对生活的态度是积极的，热爱的。

最近高邮的小说家树兴兄给我出了个难题，督促我把这个小系列再写下去，而且还发来了几篇他写的饮食美文，说是提供"味道"给我。这位兄长真是太仗义了，这完全是他的特长啊，可是他愣是放着"肥肉"不吃，让我这个外地人瞎凑热闹。当然，恭敬不如从命，索性我就尝试着慢吃慢谈，吃到哪儿说到哪儿吧。

大咸菜

高邮的任俊梅女士看了我写的高邮风物后，非常热心地给我寄来了她亲手腌制的咸菜，说有雪里蕻、萝卜干。我还没收到，但胃已经开始盘算着怎么个吃法了：雪里蕻烧太湖杂鱼，或者红烧五花肉，或者烧茭菰咸菜汤；萝卜干可以切小粒用菜油煸煸佐餐，也可以炒鸡蛋，或者配上苏州青、上海青烧汤，可谓提鲜佳品。

汪曾祺曾在《故乡的食物》里写下这么两句话：

我很想喝一碗咸菜茨菇汤。我想念家乡的雪。

王树兴兄写道：

汪曾祺想喝的咸菜茨菇汤里的咸菜有点特别，区别于其他咸菜的，在于它的大和品种的稀罕。在高邮，这种咸菜被叫作大咸菜。

大咸菜也就只有我们江浙皖一带有，因为腌制的高帮青菜在初冬长成，气候寒冷的地区菜棵都比较粗短。高帮青菜在我们高邮被叫作"大菜"，盛产在城南郊，那里有一处菜地是黄土地。

这个资料使我想到了苏州古城的地块，老早的时候分为南园和北园，多早呢？就是那个从高邮城杀出来的盐贩头子张士诚治理苏州起吧，张士诚据姑苏与朱元璋死磕。朱元璋的大军把姑苏城团团围住。张士诚以北园种粮，以南园种菜，硬是苦撑了近一年。当然最后还是败了，只是南园种菜的习惯却一直保留到了新中国成立后。

可见，有些地块适合种粮，有些地块适合种菜。我相信高邮南郊出来的咸菜一定是别有味道。根据汪曾祺的考证：

中国咸菜之多，制作之精，我以为跟佛教有一点关系。佛教徒不茹荤，又不一定一年四季都能吃到新鲜蔬菜，于是就在咸菜上打主意。我的家乡腌咸菜腌得最好的是尼姑庵。尼姑到相熟的施主家去拜年。都要备几色咸菜。

汪老此话使我想到了烹饪豆制品最好的也是寺庙、庵堂，而且不用荤油荤汤照样能调制出美味的佳肴。

当然我更相信寻常人家也有腌咸菜较好的专业户，一个村上，谁家腌制的萝卜干好吃，谁家酱豆好吃，谁家的咸菜腌制得漂亮，也都是自有名气的。

只是不同地区因为口味的浓淡、生活的习惯，咸菜的口味也会有千差万别。汪曾祺就提过苏州的萝卜干："我吃过苏州的春不老，是用带缨子的很小的萝卜腌制的，腌成后寸把长的小缨子还是碧绿的，极嫩，微甜，好吃，名字也起得好。"苏州的萝卜干至今仍以甪直古镇上的为好，城里人家几乎都晓得甪直萝卜干甜脆可口，而且颜色也很好看。我们老家的萝卜干从罐子里掏出来上面还有一层薄霜似的盐渍。我一直怀疑这是给庄稼汉吃的，因为出汗多，需要多补充盐分，盐吃多了，身上也就有力气了。

汪老是从高邮去了北京工作，王树兴也是从高邮去了北京工作，他们都会在下雪天忽然想到家乡的大咸菜。

咸菜与乡愁之间到底有着怎么样的联系？

我想这与人的成长历程以及记忆偏差不无关系。看树兴兄写老早家里腌咸菜是多么辛苦的差事，寒冬腊月里，腌制几大缸咸菜要采、洗、择、摆、施盐、压缸等等。个中艰辛恐怕只有具体躬行的人才有深切体会。直到咸菜腌好了，开吃，又出现了新问题，莫说是天天吃咸菜，就是天天吃鲍鱼鱼翅也会腻得慌。

但是，当有一天一顿也捞不着吃的时候，味蕾又来悄然提醒你，是时候"改善伙食"了。其实"改善伙食"不一定是非常优越的，也可以是从简从朴。我记得近代外交家顾维钧奔走欧美多国时，总不忘随身携带着中国腐乳，因为没有这个他吃不下去饭。这一味不同寻常的中国味道，也正是这位率真大使的淡淡乡愁吧。

高邮腌的咸菜是高帮大青菜，这种菜我家乡也腌制过。其实大青菜还有一种吃法：先以水汆一遍，然后挂在麻绳上一排排晾干，到了雪天缺蔬菜时拿来炖肉或烧汤都很相宜。

树兴兄说："刚腌成的大咸菜最好吃的是菜心，切碎了拌上辣椒酱，淋上麻油，嘣脆透鲜。"这也是中国很多腌菜的特点，开罐即食。老早时腌菜也不存在使用添加剂问题，简单、自然，时间就是最好的作料。

汪曾祺曾写道："（高邮）咸菜是青菜腌的。我们那里过去不种白菜，偶有卖的，叫做'黄芽菜'，是外地运去的，很名贵。一盘黄芽菜炒肉丝，是上等菜。平常吃的，都是青菜，青菜似油菜，但高大得多。入秋，腌菜，这时青菜正肥。把青菜成担的买来，洗净，晾去水气，下缸。一层菜，一层盐，码实，即成。随吃随取，可以一直吃到第二年春天。腌了四五天的新咸菜很好吃，不咸，细、嫩、脆、甜，难可比拟。……咸菜汤里有时加了茨菇片，那就是咸菜茨菇汤，或者叫茨菇咸菜汤，都可以。"

咸菜茨菇汤我是喝过的，鲜甜可口，用苏州话说是眉毛都鲜掉了。在高邮我也吃过新腌制的咸菜与青豆做成的凉拌菜，鲜脆美味，佐酒更佳，而且颜色碧绿，就像是雨后的新绿。

汽锅鸡

关于汽锅鸡，我先说几句闲话。那天去高邮陪着汪朗先生和夫人刘老师闲聊说，高邮人对汪老太热情了，到了北京汪家说要汪老用过的东西，什么锅碗瓢盆都要的。后来汪朗先生就把汪老用过的锅和餐具给他们了一些。听得我乐呵了半天。

后来读了王树兴的文章才知道，这位大兄也从汪家"掠"过厨具，当时他"蓄意"想用德国厨具置换汪老用过的东西，被汪朗先生"斩钉截铁"地拒绝了。当然，后来汪朗先生还是送给他几样厨具，其中就有一只汽锅。树兴兄美滋滋地抱着这口锅没舍得挤地铁，特地打的回去的。"汪曾祺是一定写进中国文学史了，这只汽锅，与他一篇文章有关，是他用过的器皿，会成为文物吧。"

再后来，高邮"文青"冯长飞开了一家叫"汪味馆"的餐厅，树兴兄就很慷慨地捐出了这口汽锅，而且还特地邀请汪朗先生出面捐赠，可谓得体。据说现在"汪味馆"的招牌菜之一就是汽锅鸡。

汪曾祺曾经写过："如果全国各种做法的鸡来一次大奖赛，哪一种鸡该拿金牌？我以为应该是昆明的汽锅鸡。"

我在拜读汪曾祺有关美食的著作时，常常感觉他是一位吃遍天下无敌手的"孤独求败"。但是在这些菜肴的描述中，却又以高邮菜和云南菜为最突出。我觉得云南人应该感谢汪老这位美食推广大使，否则很多云南地方菜是不可能这么闻名全国的。我读树兴的文章说，1986年，评论家王干已经在高邮做汽锅鸡给文友们吃了，而且还说是汪老教他的。

根据汪老的考证，汽锅鸡这种非常独特的吃法应是先有锅，然后才有的汽锅鸡。"汽锅以建水所制者最佳。现在全国出陶器的地方都能造汽锅,如江苏的宜兴。但我觉得用别处出的汽锅蒸出来的鸡,都不如用建水汽锅做出的有味。"

汽锅是什么呢?一种用陶土烧制出来的类似于砂锅的器皿,只不过中间凸出一个带气孔的锥体,做鸡块时就靠这个气孔从蒸锅里出蒸汽,也就说鸡块完全是"蒸熟"的,而且汤色清鲜,原汁原味。树兴兄说红河哈尼族彝族自治州建水县因为特产紫陶汽锅,因此汽锅鸡也最正宗,当地有"汽锅宴"推出。

工欲善其事,必先利其器。烹饪也是如此。前段时间《舌尖上的中国》播放后,章丘铁锅一夜爆红。但是很多人发现,即使你拥有了章丘铁锅,但还是做不出舌尖上的美味。这是为什么呢?

汪老写过:

> 原来在正义路近金碧路的路西有一家专卖汽锅鸡。这家不知有没有店号,进门处挂了一块匾,上书四个大字:"培养正气"。因此大家就径称这家饭馆为"培养正气"。过去昆明人一说:"今天我们培养一下正气",听话的人就明白是去吃汽锅鸡。"培养正气"的鸡特别鲜嫩,而且屡试不爽。

根据汪老的考证,昆明饭馆里卖的汽锅鸡选用的都是武定鸡,否则就不是那个味了,而且说要"武定壮鸡",就是经过骟了的母鸡。烧汽锅鸡时还要放几片宣威火腿、一小块三七,这些都是云南的特产,既提鲜又提神。

后来读汪老的文章说,隔了几十年后再去云南吃汽锅鸡,感觉已经完全不是那个味儿了。想想也是，原材料不对，做法也不对了，哪里还会有原汁原味呢？

其实我倒一直惦记着树兴兄转捐给汪味馆的那只汽锅，听说汪味馆已经推出了特色汽锅鸡，我下次一定要去尝尝鲜！

文思豆腐

有一次从高邮返回扬州后，冬荣园管理方特地安排了晚宴招待苏北、杨早、建新等一行，宴席上除了特色扬州菜，一道文思豆腐端上来很是吸引大家的注意。

看汪曾祺写过高邮有雪花豆腐，我没有吃过，但是扬州的文思豆腐我几乎每次去都要吃一小碗。细腻，柔滑，看一种知名巧克力的广告说"如丝般柔滑"，我就会想到文思豆腐，豆腐切得如蚕丝一般，柔嫩可口。

记得那次苏北兄还问了句，这是不是切出来的？当然是，这也正是扬州厨师的刀功所在。"扬州三把刀"其中一刀即指厨刀。据说学徒时切的豆腐丝一定要穿过绣花针的针眼才算合格。

汪曾祺写过：

"文思和尚豆腐"是清代扬州有名的素菜，好几本菜谱著录，但我在扬州一带的寺庙和素菜馆的菜单上都没有见到过。不知道文思和尚豆腐是过油煎了的，还是不过油煎的。我无端地觉得是油煎了的，而且无端地觉得是用黄豆芽吊汤，加了上好的口蘑或香蕈、竹笋，用极好秋油，文火熬成。什么时候材料凑手，我将根据想象，试做一次文思和尚豆腐。我的文思和尚豆腐将是素菜荤做，放猪油，放虾米。

我很想知道汪老后来到底做了这道文思和尚豆腐没有，我相信味道一定是不错的。

汪老一再在文中强调"文思和尚豆腐"，这其实也是在还原一段历史。作为淮扬菜的著名菜肴文思和尚豆腐系清乾隆年间扬州僧人文思和尚所创制。清朴学大师俞曲园载："文思字熙甫，工诗，又善为豆腐羹甜浆粥。至今效其法者，谓之文思豆腐。"

顺着汪老的思路，我甚至怀疑现在某些饭馆里的文思豆腐早已经不再是素菜了，而是加入了荤菜或是荤汤，或者在早期时就很可能是加了荤汤的。

转回头来说，扬州文思豆腐吃多了，我还是想念着高邮的另一道菜，就是汪曾祺先生也曾注意的那道菜：

近年高邮新出一道名菜：雪花豆腐，用盐，不用酱油。我想给家乡的厨师出个主意：加入蟹白（雄蟹白的油即蟹的精子），这样雪花豆腐就更名贵了。

有谁知道高邮哪里有正宗的"雪花豆腐"？我请客。

汪曾祺的高邮家常菜

缘起

2019 年 7 月 23 日。大暑。据说是一年中最热的一天。这一天，我慕名来到了汪曾祺故居竺家巷九号，这里来过无数的"汪迷"，也来过像铁凝、王安忆这样的文学界"大咖"。印象中有人说过，汪曾祺尤其受女作家和女读者的喜爱。汪老生前也承认这一点。可见汪老的可亲和可爱。

在这一天，我看到竺家巷人去楼空。昔日热闹的名人故居陷入一片大工地的一隅，多少显得有些孤零，施工机器的交杂轰鸣还是挡不住故居的宁静。这宁静中自有一种力量无声无息地存在，就如同汪曾祺的作品，悄然无息地影响着一代代新人旧人，势无可挡。

正如同在这样的炎夏，仍不时有异地慕名者背着背包前来汪曾祺故居寻旧。只是，罕有人知道，这座小小的二层楼，原来只是汪家放置柴草的杂物间，但这却丝毫不影响读者对于这仅存二层小楼的敬仰。睹物思人，他们能够想象得到，那个古灵精怪的少年如何在这里玩耍，又是如何在这里开始他的观察和思考。

2019年夏，杨汝祐（右二）与汪曾祺妹妹、妹夫、侄女等合影

那一天，我和年过八旬的杨汝祐、任俊梅夫妇徘徊在故居前后，拍照留念。而后我们又去摸索着寻找已经迁出此地的汪曾祺的妹妹汪丽纹、妹夫金家渝。听说他们因为这里施工而搬到了附近一个小区，昔日朴素有序的东大街早已变成了今天的人民路，汪家前门科甲巷也无迹可寻了。正在全面施工的汪曾祺故居前倒是还有一个老地名"傅公桥"存在，汪曾祺小说里卖熏烧的原型——"二子蒲包肉"，窗口已经贴出了涨价的告示。我们边走边问，最后终于在半道上巧遇到一位汪家的邻居，这位大嫂执意要带我们去到汪曾祺妹妹的小区，说有一站多路呢。汪家世交杨汝祐先生像个孩子似的说，看吧，小时候看相的人说我会处处遇到贵人，逢凶化吉。顿时，我感觉杨老就像是汪曾祺笔下的人物。

在汪曾祺笔下的"越塘巷"（今为月塘小区），我们顺利地见到了汪曾祺的妹妹汪丽纹、妹夫金家渝。他们全家人一如既往地热情接待着各地前来的"汪迷"和研究学者。更让我意外的是，汪家女婿金家渝还是一位继承了"汪家绝学"烹饪技艺的厨师，而他的本业则是医院的化验师。这位帅气并略显佛相的慈祥男子，给人特别温和的亲切感。

在汪家，我得以有幸见到了汪曾祺的一张画作，汪老的马铃薯画作。要知道，汪曾祺在下放张家口时曾画过一整套《中国马铃薯图谱》，非常可惜的是都丢失了。这一张应该是汪老唯一存世的马铃薯画作，据说连北京汪家都没有。上有题跋："马铃薯无人画者，我于戴帽下放张家口劳动曾到坝上画马铃薯图谱一巨册，今原图已不可觅，殊可惜也。曾祺记。"有一位专门从河北张家口赶来的读者一见到这幅画，就连连称赞说，像！像！这就是我们那里的马铃薯品种，上面的枝叶像！开的花也像！我想，就连上面的绯红色的小昆虫"花大姐"也很像吧！

在略显逼仄但很温馨的房间里，我们开始就"汪曾祺的高邮家常菜"的话题展开了交流。在交流中，我获知，汪曾祺自从 1939 年离开家乡高邮后，曾三次再回故乡。第一次回高邮是在 1981 年 10 月 10 日至 11 月 17 日；第二次是从扬州文学研讨会间隙偷偷溜回高邮，待了 18 个小时；第三次是 1991 年 9 月 29 日至 10 月 7 日。

这三次回乡，汪曾祺见到了家乡的官员，也见到了亲属和乡邻，并认识了一批新的朋友。在这其中，他见到的最多的应

1981 年，汪曾祺回到阔别多年的高邮与亲友合影（汪家人供图）

汪曾祺与妹夫金家渝合影

该就是妹夫金家渝了。

金家渝是高邮一家医院的化验师，喜欢艺术和烹饪，与同在医院的妇产科医生汪丽纹结婚后，对烹饪更是上心。汪丽纹是汪曾祺的妹妹，但那时汪曾祺还没有后来这么大名气，金家渝一直恭敬地称汪曾祺为大哥，称施松卿为大嫂。在1981年以前，他们还没有见过面。

汪曾祺第一次回乡时，当地政府隆重接待，邀请汪曾祺住进了县政府第一招待所，那里原是高邮几大姓氏之一马家的房子，现已拆迁成为别墅区。

醉虾

1981年7月17日，汪曾祺致信高邮文化人士陆建华："关于我回乡事，一时尚不能定。且等我和家中人联系联系，秋凉后再定。"

同年9月18日，汪曾祺致信陆建华："我回乡主要只是看看，没有什么要求。希望不惊动很多人，地方上的接待尽量从简。"

但是在汪曾祺回到家乡后，大大小小的宴席还是络绎不绝。很多时候，在晚餐后，或者没人请客时的晚上，汪曾祺就会回到旧居地——竺家巷9号。后来的日子里，这里先后来过铁凝、王安忆、叶兆言等数不清的作家和"汪迷"。

那时那里住着汪曾祺的妹妹汪丽纹和妹夫金家渝。汪曾祺的妹妹很多，外人常常弄不清楚。汪丽纹说，有妹妹住在高邮，有妹妹住在安徽，高邮菜市街还有一个小妹妹。但是每当汪曾祺回到旧地，大家都会赶过来聚会，谈天说地，非常热闹。每每那时操刀做菜的大事就交给金家渝了。

我问金先生，汪曾祺先生最喜欢你做的什么菜？他脱口而出：醉虾。

醉虾是江南江北都有的菜肴，按说也不算什么稀奇的。但是汪曾祺最爱这一味醉虾，是何缘由呢？

金家渝说，首先要虾好，一定要是高邮湖的虾。汪丽纹说，高邮湖是一个悬湖，地势高，水质好。我记得汪曾祺在《我的家乡》中写过："高邮湖也是一个悬湖。湖面，甚至有的地方的湖底，比运河东面的地面都高。"

金家渝说一般做醉虾都喜欢用青虾，其实是不对的，应该用白虾。对于这个说法，我查了汪曾祺《我的家乡》的内容："水乡极富水产。鱼之类，乡人所重者为鳊、白、鮥（鮥花鱼即鳜鱼）。虾有青白两种。青虾宜炒虾仁，呛虾（活虾酒醉生吃）即用白虾。小鱼小虾，比青菜便宜，是小户人家佐餐的恩物。"这篇文章写于 1991 年，汪曾祺此前已回乡两次，并多次吃过金家渝制作的醉虾，想必文中也有金家渝的经验记录。

"用初秋的大白条（白虾），不要太大的，洗净后，配蒜泥、姜末、胡椒、南乳、白糖，不能放葱，葱会坏味。盐可以放少许，最后放高度

1991 年，汪曾祺回到高邮在妹妹家与亲属饮酒（汪家人供图）

的白酒，最好是顶好的好酒。"金家渝说得很简单，但这个过程做起来却不是那么简单。汪丽纹补充说，那种（白）虾子出水不久就会死了，因此一定要现买现做，这里叫"出水鲜"，死的虾子做出来就不是那种味了。这也是家里做的东西与饭店的区别。

发现汪曾祺特别爱吃这道醉虾后，金家渝于1991年进京去见大哥（汪曾祺）大嫂（施松卿）时，特别带了两样食物，两大罐虾，一味为醉虾，一味为盐水虾。两种虾都是金家渝亲手烹制的。为什么要带两种虾呢？因为大嫂不吃酒。但是大嫂吃了带去的盐水虾后，特地买了两瓶红酒回来佐餐。而汪曾祺每次在吃醉虾的时候，都用一个很小的碟子，用筷子挑出来几条虾子，很爱惜的样子，不多吃，就拿这几条就酒。看着大哥这么爱吃自己做的醉虾，金家渝从内心感到高兴和喜悦。

汪曾祺后来在《切脍》中写道："前几年回乡，家乡人知道我爱吃'呛虾'，于是餐餐有呛虾。我们家乡的呛虾是用酒把白虾（青虾不宜生吃）'醉'死了的。"

有一次，汪曾祺吃着可口的醉虾，突然问妹夫金家渝，你是跟谁学的这个手艺？金家渝老老实实回答，我是跟岳父学的。

金家渝的岳父即汪曾祺之父汪菊生，原本是不用工作的大少爷，同时也是一位在高邮很有名气的眼科医生（看病属于义诊）。这位会画画、会刻章、会很多乐器又会很多手工的医生，平时还喜欢下厨为子女们做饭。汪丽纹说，父亲常常给我们做菜吃，他做菜的确很好吃。我戏说，所以把你们的口味都养"刁"了，以至到汪朗先生一代还自称是"刁嘴"。

汪曾祺的另外一个妹妹汪锦纹也说，在她小时候就吃过父亲做的肴肉，就跟镇江那种特产一样，但比那个要好吃。

汪曾祺在 1992 年 5 月 28 日《我的父亲》中写道："我父亲很会做菜，而且能别出心裁。我的祖父春天忽然想吃螃蟹。这时候哪里去找螃蟹？父亲就用爪鱼（即水仙鱼），给他伪造了一盘螃蟹，据说吃起来跟真螃蟹一样。'虾松'是河虾剁成米粒大小，掺以小酱瓜丁，入温油炸透。我也吃过别人做的'虾松'，都比不上我父亲的手艺。"

看了汪曾祺如此形象地写出来父亲做菜的过往，我有两大感受：一是汪菊生真是一位高明的厨师，尽管他并没有经过传统的拜师学艺或是系统地学习烹饪技巧，但是这得益于他的天赋和实践；二是汪菊生真是一位大孝子，他没有拒绝父亲的"非分"要求，而且还尽心尽力满足了父亲的口味，并让孩子们一起跟着尝尝鲜。

听完妹夫金家渝的回答后，汪曾祺恍然大悟。怪不得能从中吃到小时候的味道，就是父亲制作出来的那种风味，明显有别于饭店的口味和外地的做法。没想到家里这一味被有心的妹婿传承下来了，这应该说是汪菊生的欣慰，同时也是汪曾祺的福气，更是汪家后人的口福。

大煮干丝

问及汪曾祺还喜欢家里的什么菜肴，金家渝说，大煮干丝。我想说大煮干丝不是扬州菜吗，不对，好像扬州各县市都有自己独特口味的干丝，譬如，高邮的干丝恐怕就不同于扬州，更何况是有着家传厨艺的汪家。

金家渝开门见山："我的煮干丝要求很高的。"有什么要求？要高邮上好的豆腐，还要纯鸡汤，必须是当地的土鸡，不大不

小的鸡，熬上一个晚上。然后呢？然后就是放干贝、海味。其
他的不放了吗？其他的就是常规作料了。我记得在扬州吃的干
丝里面有云腿、鸡丝、木耳丝、虾仁等，汤色浓厚，素材丰富。
根据历史上的记录，乾隆皇帝到扬州时，大煮干丝里要有"九丝"，
即银鱼丝、木耳丝、口蘑丝、紫菜丝、蛋皮丝、鸡丝、海参丝、
蛏干丝、燕窝丝，反正怎么高级怎么丰盛怎么来。

　　对于干丝，汪曾祺在《寻常茶话》写道：

　　　　我的家乡有"喝早茶"的习惯，或者叫做"上茶馆"。
　　上茶馆其实是吃点心，包子、蒸饺、烧麦、千层糕……茶
　　自然是要喝的。

　　　　在点心未端来之前，先上一碗干丝。我们那里原先没
　　有煮干丝，只有烫干丝。干丝在一个敞口的碗里堆成塔状，
　　临吃，堂倌把装在一个茶杯里的佐料——酱油、醋、麻油
　　浇入。喝热茶、吃干丝，一绝！

　　后来汪曾祺在北京也学着做过拌干丝和煮干丝。在他的《家
常酒菜》中就有这两样菜，其中提及："煮干丝。鸡汤或骨头汤煮。
若无鸡汤骨汤，用高压锅煮几片肥瘦肉取汤亦可，但必须有荤
汤，加火腿丝、鸡丝，亦可少加冬菇丝、笋丝。或入虾仁、干贝，
均无不可。欲汤白者入盐，或稍加酱油（万不可多），少量白糖，
则汤色微红。拌干丝宜素，要清爽；煮干丝则不厌浓厚。无论
拌干丝、煮干丝，都要加姜丝，多多益善。"

　　汪老的做法与金家渝的做法似乎完全不同。这里还有一个
评判员做过"客观"评判。话说 1981 年，汪家公子汪朗在实习
期间回到高邮寻根，当时待了一个月，自然也吃了不少次姑父

金家渝做的煮干丝。汪朗回京后，父亲汪曾祺无疑会问一些家乡的状况、亲友们的情况。汪朗自然提到了姑父做的大煮干丝，并戏说比老头儿做得好吃。我估计汪曾祺先生肯定有些不服气，但同时也会生出好奇之心：这妹夫做的大煮干丝到底有多好吃，让嘴刁的汪朗都吃馋了？

　　汪曾祺后来于当年回到家乡，除了去参加必要的官方宴请，几乎都会回到竺家巷与家人聚餐。大厨金家渝大显身手，在物质不富裕的年代，他总能设法弄出一桌子荤素相宜的家宴。用他的话说，做大煮干丝除了鸡汤、干贝几乎再没有其他的配料，"要清汤，里面的内容不能杂，否则就会喧宾夺主了"。他接着说，如果嫌有豆腥味，就过水，尽量多过两遍水，就清爽了；然后里面放上木耳丝、鸡丝、笋丝，足够了，其他不用了，味道就出来了。

　　后来我又读到汪曾祺写于 1992 年的《干丝》，其中提及他父亲的发明和他对煮干丝的重新体会：

1981 年，汪曾祺回到阔别多年的家乡高邮与家人合影（汪家人供图）

　　　　我父亲常带了一包五香花生米，搓去外皮，携青蒜一把，嘱堂倌切寸段，稍烫一烫，与干丝同拌，别有滋味。这大概是他的发明。

　　　　……

　　　　煮干丝不知起于何时，用小虾米吊汤，投干丝入锅，下火腿丝、鸡丝，煮至入味，即可上桌。不嫌夺味，亦可加冬菇丝。有冬笋的季节，可加冬笋丝。总之烫干丝味要清纯，煮干丝则不妨浓厚。但也不能搁螃蟹、蛤蜊、海蛎子、蛏，那样就是喧宾夺主，吃不出干丝的味了。

对于菜的味道，金家渝似乎有着自己独特的理解：各种菜有各种菜的味道，即发挥它们本身的味道，而饭店里的菜往往味道太重，就是太"杂"了。

我问金家渝，弄家宴会事先开个菜单吗？他摇头说不用，都在肚子里呢，就是要事先备好菜。相信他的大煮干丝一定会让汪曾祺吃得很满意，恐怕酒他也会多喝几杯。

金丝鱼片

根据金家渝、汪丽纹的回忆，汪曾祺对家乡菜还有一味特别喜欢，就是金丝鱼片。我问：金丝鱼片是什么鱼呢？难不成是鳝鱼？

不是。有关这个鱼，在高邮也有各种叫法，昂刺鱼、昂丝鱼、黄颡鱼等，在汪曾祺笔下则是"昂嗤鱼"。

汪曾祺在《故乡的食物》中写道："昂嗤鱼的样子也很怪，头扁嘴阔，有点像鲇鱼，无鳞，皮色黄，有浅黑色的不规整的大斑。无背鳍。而背上有一根很硬的尖锐的骨刺。用手捏起这根骨刺，它就发出'昂嗤昂嗤'小小的声音。这声音是怎么发出来的，我一直没弄明白。这种鱼是由这种声音得名的。它的学名是什么，只有去问鱼类学专家了。这种鱼没有很大的，七八寸长的，就算难得的了。这种鱼也很贱，连乡下人也看不起。我的一个亲戚在农村插队，见到昂嗤鱼，买了一些，农民都笑他：'买这种鱼干什么！'昂嗤鱼其实是很好吃的。昂嗤鱼通常也是氽汤。虎头鲨是醋汤，昂嗤鱼不加醋，汤白如牛乳，是所谓'奶汤'。昂嗤鱼也极细嫩，鳃边的两块蒜瓣肉有大拇指大，堪称至味。有一年，北京一家鱼店不知从哪里运来一些昂嗤鱼，无人问津，顾客都不识这是啥鱼。有一位卖鱼的老师傅倒知道：'这是昂嗤。'我看到，高兴极了，买了十来条。回家一做，满不是那么一回事！昂嗤要吃活的（虎头鲨也是活杀）。长途转运，又在冷库里冰了一些日子，肉质变硬，鲜味全失，一点意思都没有！"

所谓"金丝鱼片"，即取高邮湖野生的昂嗤鱼，金家渝特别强调说，不能用池塘里养的，有腥味，野生的好，一条鱼只取两片肉下来。哪部分的肉呢？说是肚子上的，炒出来是金黄色的，非常嫩，鲜美可口。我问：放什么配料吗？答曰，除了葱姜调料什么都不放，就是吃它本身的鲜味。

当然对于这种鱼的做法也有不同的烹饪方式，高邮有个北海大酒店，汪曾祺题的招牌。中国烹饪学者聂凤乔先生于1991年10月在《江苏旅游报》上发表一篇《秦邮二鱼肴》，文中就提到了该店的招牌菜之一"金丝鱼片"，说"似乎于品尝中，咂出高邮湖水的清芬气息"。该文中还写道："汪曾祺先生称其为昂嗤鱼。取其两颊大如拇指两块蒜瓣肉汇聚成菜，吃来柔嫩鲜美之至，远较任何鱼片柔细腴嫩，加上取抓浆、划油、滑熘的方法烹制，出来的效果是迷人的。我吃过多次黄颡鱼，想不到它会出现如此美妙的效应，中国烹调术又一次显示了它的神奇。"

高邮湖螃蟹

　　世人皆知苏州阳澄湖大闸蟹大名，却很少知道高邮人最爱的是高邮湖大螃蟹。金家渝和汪丽纹在聊天时开玩笑说，大哥吃什么菜都会让人，唯独吃这道菜他不会让人。那就是大螃蟹。

　　深秋季节，大螃蟹开捕，上笼清蒸，蘸作料，尤其鲜美。据说汪曾祺因为身体原因，不敢吃螃蟹的膏，主要吃螃蟹腿。他就拿螃蟹腿、钳子就酒吃。

　　说到此，金家渝说，大哥吃东西不在于多，他也说了，菜不要多，主要是尝个味道。

汪曾祺画螃蟹（取自《汪曾祺书画》一书）

高邮湖大螃蟹如何做呢？煮。不像上笼蒸，这里主要是以煮为主。蘸料也很简单，就是姜末加醋，不要放糖。

汪曾祺曾在《冬天》文中写到祖母在后园种乌青菜，说："乌青菜与'蟹油'同煮，滋味难比。'蟹油'是以大螃蟹煮熟剔肉，加猪油'炼'成的，放在大海碗里，凝成蟹冻，久贮不坏，可吃一冬。"

说到这里，金家渝忽然又想到了汪家有一种醉蟹。把大螃蟹刷刷干净，然后沥干水配上作料放进坛子里，可以从秋季吃到过年，有时一直到开春都有的吃呢。说完了醉蟹，金家渝又想起了汪家特有的一种养蟹方式，秋季捕蟹后，用一个大水缸倒扣过来，水缸底锥个洞用来透气和倒水。把螃蟹放进去，里面放上糯米稻，就是带壳子的稻子，可以把螃蟹养到过年除夕夜吃，那时的蟹能长到七八两，爪子上都长毛了，很是肥美呢。

汪曾祺在小说《徙》里写私塾先生谈甓渔爱吃螃蟹："他爱吃螃蟹，可是自己不会剥，得由家里人把蟹肉剥好，又装回蟹壳里，原样摆成一个完整的螃蟹。两个螃蟹能吃三四个小时，热了凉，凉了又热。他一边吃蟹，一边喝酒，一边看书。"

针对汪家的有些吃法，汪曾祺住在菜市街的妹妹汪锦纹则有进一步的信息。她说汪家的有些传统菜肴可能来自外婆家，也就是邵伯的任家，任家的家业比汪家大多了，吃得也很讲究。任母是汪曾祺的继母，但是汪曾祺在内心里很是尊重这位母亲，有一次见面还要行传统式母子大礼。

接着金家渝先生的话说，汪家最早是安徽人，因此每年除夕都会有几样徽州菜。有鸭羹汤，这样的菜我在汪曾祺《我的祖父祖母》中看到过记载："团圆饭必有一道鸭羹汤，鸭丁与山药丁、茨菇丁同煮。这是徽州菜。"金家渝说，还有一样"徽团子"，斩好的猪肉馅外面裹上糯米上笼蒸熟。对这道菜，汪曾祺也有记录："大年初一，祖母头一个起来，包'大圆子'，即汤团。我们家的大圆子特别'油'。圆子馅十天前就以洗沙猪油拌好，每天放在饭锅头蒸一次，油都'吃'进洗沙里去了，煮出，咬破，满嘴油。这样的圆子我最多能吃四个。"

另外，汪曾祺在《我的家》中也写过家里过年吃团圆饭必有徽州菜的传统："但大年三十晚上，祖父和两房男丁要同桌吃一顿，菜都是太太手制的。照例有一大碗鸭羹汤，鸭丁、山药丁、慈姑丁合烩。这鸭羹汤很好吃，平常不做，据说是徽州做法。我们的老家是徽州（姓汪的很多人的老家都是徽州），我们家有些菜的做法还保持徽州传统，比如肉丸蘸糯米蒸熟，有些地方叫珍珠丸子或蓑衣丸子，我们家则叫'徽团'。"

桃花鵽

在采访金家渝聊有关汪曾祺爱吃的美食时，他又想起了一种久违的野味，那就是"鵽"，全名"桃花鵽"，金家渝发音好像是"橘"，声音很响亮，向上扬的音调。我看汪曾祺在《故乡的食物》里也写过："《辞海》里倒有这个字，标音为 duò，又读 zhuā。zhuā 与我乡读音较近，但我们那里是读入声的，这只有用国际音标才标得出来。"按说金家渝发的音应该是"zhuā"，但在我这个外人听来，就是"橘"。

金家渝说这种长嘴鸟很香，以前河滩上很多，喜欢吃鱼。我记得汪曾祺说过，凡是吃鱼的鱼都很鲜美。那么吃鱼的鸟儿恐怕也会是同理。

对于这种食材，金家渝说不能红烧，一定要用卤的办法，用大料，但不能太多太猛。汪锦纹在一旁说，卤出来连骨头都是香的，骨头也能嚼碎吃了。我疑问，是不是有点像鹌鹑的味道？金家渝说，鹌鹑不好，鹌鹑的肉是腥气的，这个是香的。

我看汪曾祺在《故乡的食物》中写过：

> 我在小说《异秉》里提到王二的熏烧摊子上，春天，卖一种叫做"鵽"的野味。鵽这种东西我在别处没看见过。……《辞海》"鵽"字条下注云："见鵽鸠"，似以为"鵽"即"鵽鸠"。而在"鵽鸠"条下注云："鸟名。雉属。即'沙鸡'。"这就不对了。沙鸡我是见过的，吃过的。内蒙、张家口多出沙鸡。《尔雅·释鸟》郭璞注："出北方沙漠地"，不错。北京冬季偶尔也有卖的。沙鸡嘴短而红，腿也短。我们那里的鵽却是水鸟，嘴长，腿也长。鵽的滋味和沙鸡有天渊之别。沙鸡肉较粗，略带酸味；鵽肉极细，非常香。我一辈子没有吃过比鵽更香的野味。

不过，金家渝强调说，这种水鸟现在都是保护动物了，已经不能去吃了。

"高邮包子天下第一"

大哥汪曾祺爱吃家乡的包子，并夸奖"高邮包子天下第一"，金家渝说，这让大嫂不愿意了。大嫂说，那天津狗不理包子呢？你把狗不理包子放哪里？

大哥心里有数，也不辩论什么。1991年，大哥带着大嫂到了北海大酒店一尝高邮包子，果然是好吃，大嫂一顿饭吃了六个。

　　说到北海大酒店，这其中还有一段故事。对此事有所了解的是汪家的世交杨汝祐先生。汪曾祺的母亲是杨家人，为杨家"遵"字辈。杨汝祐是一位书法家，与汪曾祺颇有交情。根据他的叙述，当时高邮地方一位在外创业的私营业主投资开了一家大酒店，托人邀请汪曾祺题写店招。汪曾祺给写了"北海酒店"四个字。临到开业前，老板想把招牌改成"北海大酒店"。此时，想去北京请汪曾祺补写来不及了。怎么办呢？

　　扬州市有位市领导宋延庆与汪曾祺往来通信较多，于是他就想到把"庆"字下的"大"抠出来，放大后放上去。汪曾祺在北京听说此事后，就点名说请让杨汝祐看一下，意思是他懂书法，请他把关。杨汝祐笑说，就因为这样我才得以在开业宴席上有个座位。按照杨汝祐的说法，开业那天饭店请汪曾祺吃饭，那天的宴席真是漂亮。菜都很好看，当然也很好吃。听说有的厨师是特地请过来的。具体有什么菜杨汝祐忘了，他就记得有好几个服务员小姑娘，每人手里拿着纸笔，时不时跑上来请汪曾祺签名留念。汪曾祺就问每个人叫什么名字，然后就根据每人名字即兴作诗写在纸上，真是厉害。

　　对于北海大酒店点心制作的详情，金家渝颇为了解。他说，当时北海大酒店请的是高邮有名的糕点师，叫王宝玉。民国时候他家开了家老字号"洞天楼"，汪曾祺的祖父和父亲都是当时店里的常客，后来公私合营店就没有了。王宝玉对大哥也有感情，后来他请大哥去实验菜馆吃饭，

1991 年，杨汝祐与汪曾祺在北海大酒店前合影（任俊梅供图）

就是高邮饮服公司下面的饭店，那顿饭是他亲自下厨的，完全是传统的做法，大哥吃得非常满意。

说到大嫂对高邮包子的赞赏，金家渝说，那天就是王宝玉的厨艺，做的是翡翠烧麦，里面的馅料是蔬菜做的，外面的皮子薄薄的，蒸出来几乎就是透明的，能看到里面碧绿的蔬菜馅，因此叫翡翠烧麦。

汪曾祺在《如意楼和得意楼》中对家乡的糕点曾有较长的描述：

> 包子。这是主要的。包子是肉馅的（不像北方的包子往往掺了白菜或韭菜）。到了秋天，螃蟹下来的时候，则在包子嘴上加一撮蟹肉，谓之"加蟹"。我们那里的包子是不收口的。捏了褶子，留一个小圆洞，可以看到里面的馅。"加蟹"包子每一个的口上都可以看到一块通红的蟹黄，油汪汪的，逗引人们的食欲。野鸭肥壮时，有几家大茶馆卖野鸭馅的包子，一般茶馆没有。如意楼和得意楼都未卖过。

1991 年，汪曾祺与施松卿回到高邮与家人合影（汪家人供图）

蒸饺。皮极薄，皮里一包汤汁。吃蒸饺须先咬破一小口，将汤汁吸去。吸时要小心，否则烫嘴。蒸饺也是肉馅，也可以加笋，——加切成米粒大的冬笋细末，则须于正价之外，另加笋钱。

烧麦。烧麦通常是糯米肉末为馅。别有一种"清糖菜"烧麦，乃以青菜煮至稀烂，菜叶菜梗，都已溶化，略无渣滓，少加一点盐，加大量的白糖、猪油，搅成糊状，用为馅。这种烧麦蒸熟后皮子是透明的，从外面可以看到里面碧绿的馅，故又谓之翡翠烧麦。

千层油糕。

糖油蝴蝶花卷。

蜂糖糕。

开花馒头。

另外，汪曾祺在小说《徙》里也描写了高邮人吃茶习惯要有点心："这地方'吃早茶'不是喝茶，主要是吃各种点心——蟹肉包子、火腿烧麦、冬笋蒸饺、脂油千层糕，还可叫一个三鲜煮干丝，小酌两杯。"

金家渝说，大嫂（施松卿）那次一顿饭吃了六个，其中有包子有烧麦，她也算是喜欢上了这里的点心。

汪曾祺的妹妹汪锦纹也说，大嫂回来就喜欢吃高邮的点心，吃早饭时我们就去傅公桥、竺家巷口给她买包子，买五丁包、蒸饺、烧麦什么的，她都喜欢吃。汪锦纹还说，人家都说扬州包子好吃，我感觉不如我们高邮包子好吃，扬州偏甜，没有高邮的口味好，而且我们的包子个大，实惠，哈哈。

高邮历史上那些好酒

（一）

近日拜读《老头儿汪曾祺》，作者是汪曾祺的子女汪朗、汪明、汪朝。在汪朝执笔的一节，我细读了汪老与酒的故事。因为之前我曾有拙作《汪曾祺的酒风》，自觉写得没有到位，且不如汪朝女士写出来情真意切。

汪朝女士在文中写道："爸喝酒来者不拒，很不挑剔。喝得最多的是白酒。他一生比较坎坷，恐怕喝得更多一些的是质量不高的白酒。其次喜欢黄酒，花雕、加饭酒都行，等而下之厨房里的料酒也喝几口，最好温一下。"

读着这些文字，不知道为什么心里有些酸酸的。我们这么一位优秀的作家，如此爱酒，却连好酒都舍不得买（或者说买不起）。记得汪曾祺曾写过，现在请客好的东西自己舍不得买，吃的人又不用花钱，而往往不花钱吃的那些人又不会写些美食文章。汪曾祺得了好酒、洋酒不到逢年过节或是好友来时是舍不得喝的。我心里暗暗责骂那些所谓的高档酒厂，你们怎么会忽视了这么一位伟大作家的嗜好呢？多好的广告机会啊？

不说了，继续读汪朝女士的文章："中外文化出版公司曾出过一套丛书，其中谈吃的叫《知味集》，爸编的；谈酒的叫《解忧集》，是吴祖光先生编的。我当时很奇怪，为什么没有人约爸写一篇关于酒的文章呢？爸过世后，我们整理他的文稿，才发现，他这个酒徒居然从未写过一篇专门谈酒的文章，让人奇怪。这个疑点恐怕只有留待日后研究了。"

（二）

　　一个一生嗜酒的作家，却几乎没有谈及个人饮酒经历的文章，这说明什么呢？我想，无非是这么几点：一是汪老觉得这是生活的日常，就如同吃饭一样，正如他所说，写小说就是"有话说时少写，没话说时多写"；二是汪老还未来得及写，反正喝酒吃饭是每天发生的事，随时都有可能写的，要等机会，这机会也可以说是灵感；三是汪老不"敢"写，要知道爱人、子女以及医院医生都多次劝他少饮酒，最好是戒酒，如果他还"胆敢"大做酒文章，岂不是太高调了，还不如悄悄地干活。据说他外出参加笔会时常常和家里"谎报军情"，就在最后生病住院前期，他还曾"谎报"过量饮酒的事实。

　　最近还拜读了"天下第一汪迷"苏北先生的《一汪情深：回忆汪曾祺先生》，其中也写到汪老与酒的故事："何镇邦说得也十分有趣。他说，汪曾祺从来不把自己当成什么了不起的人物，一个完全的老百姓。——他到鲁迅文学院讲课，招待都是'四特酒'。四特酒本来不是什么好酒，可他认为是好酒。一个算命的曾对汪先生说，要是你戒了烟酒，你还能活二十年。汪先生回道：'我不抽烟不喝酒，活着干嘛呀！'"

　　此书中还披露了汪老住在蒲黄榆时常常偷偷下楼打酒喝，

夫人是"防不胜防"，有一次施女士被卖酒的叫住了，说要找回她五毛钱，一问才知道是"老头儿"买酒时少找了五毛钱。这下证据确凿，不容抵赖了。

　　汪老不在现实散文中写酒，但他有时会在虚构作品中偷偷"露几手"，如小说《安乐居》里的情节："安乐居不卖米饭炒菜。主食是包子、花卷。每天卖得不少，一半是附近的居民买回去的。这家饭馆其实叫个小酒铺更合适些，到这儿来喝酒的比吃饭的多。这家的酒只有一毛三分一两的。北京人喝酒，大致可以分为几个层次：喝一毛三的是一个层次，喝二锅头的是一个层次，喝红粮大曲、华灯大曲乃至衡水老白干的是一个层次，喝八大名酒是高层次，喝茅台的是最高层次。安乐居的'酒座'大都是属于一毛三层次，即最低层次的。他们有时也喝二锅头，但对二锅头颇有意见，觉得还不如一毛三的。一毛三他们喝'服'了，觉得喝起来'顺'。他们有人甚至觉得大曲的味道不能容忍。安乐居天热的时候也卖散啤酒。"

　　这篇小说里对于佐酒的小菜更是描写得出神入化，使人看得口舌生津，恨不得买票去北京找到那家酒馆来上几杯解解馋。

　　不过，这样的描写也常常会被作为"证据"佐证老头儿又偷着喝酒了，汪老不承认，全家人批判说，有小说为证，还抵赖！老头儿哭笑不得，心里说以后打死也不写酒的题材

1991 年，汪曾祺回到高邮在妹妹家与亲属饮酒。（汪家人供图）

了。哈哈。

汪曾祺虽然对酒的文章着墨不多，但我看他对烟确实是有多次细致描写，如在《艺术家》中：

"抽烟的多少，悠缓，猛烈，可以作为我灵魂的状态的纪录。在一个艺术品之前，我常是大口大口地抽，深深地吸进去，浓烟弥满全肺，然后吹灭烛火似的撮着嘴唇吹出来。夹着烟的手指这时也满带表情。抽烟的样子最足以显示体内浅微的变化，最是自己容易发觉的。"

此文中也提到了酒：

"我常常为"不够"所苦，像爱喝酒的人喝得不痛快，不过瘾，或是酒里有水，或是才馋起来酒就完了。"

这是汪曾祺写于 1948 年的散文，如今读来颇有哲思意蕴。

又如他在《日记抄——花·果子·旅行》中写道："抽烟过多，关了门，关了窗。我恨透了这个牌子，一种毫无道理的苦味。"

我有时想，汪老抽烟和喝酒恐怕并不是一种享受，而是对自我的启迪，就如同轧引水，他要引出一些真正的灵感、焕然一新的神思。

记得有一次我与青年作家田耳聊天，他说他写作时喜欢嚼槟榔。他说写作的人喝咖啡、抽烟、嚼槟榔、喝浓茶等都是自找"苦"吃。其实这也是写作的一种状态，一种寻找写作灵感的理想状态。

据汪家子女说，汪老在喝完酒后的字画都好，别有生意。这话使我联想到了古琴曲《酒狂》，作者是竹林七贤之一的阮籍，近代琴人姚丙炎弹得颇好。

汪曾祺肖像。（苏北供图）

"汪先生去世后，他的子女，在他的灵堂前摆放了一壶酒、一包烟。

"'这个灵堂，我赞成。'何镇邦如是说。"

这是苏北先生的现场记录。我相信每一位读者也都会举双手赞成。

(三)

追根溯源，汪曾祺的饮酒史是从家乡高邮开始的。从垂髫之时，父亲就用筷子头蘸酒让他尝尝鲜。酒味有点辣，有点苦，但也是一种鲜吧。

我在高邮寻找美食的时候，也常常会留意当地的酒气。这样一个很会调理饮食的小城，一定会有自己的家酿。果不其然，我在杨汝祐题签的《高邮文史资料》创刊号中就查到了《高邮名产陈瓜酒》，作者是郭任天。那天在高邮，杨汝祐先生说，他认识这个人，现在已不在了，倒是有些细节可以问问郭的女婿。

很快郭任天的女婿回话说："郭任天是我岳父。（高邮）工商联副主任，历届政协委员，在王振宇时代，才因年迈退出政协。数年后，因患感冒，自然病故，享年98岁。陈瓜酒传统工艺流程，当年老人家，是受政协发掘开拓，地方传统名特产品……而亲自在家烧酿制作，笔录每个工艺流程。在这期间，邮师教办厂、八蒸糕厂有专人几次登门，向郭老学习，咨询陈瓜酒事宜。相关文献资料，后由政协汇集出册。刘宜绍主席和后来的朱延庆主席，他们都知道此事。"

杨汝祐的夫人任俊梅看了微信内容说："看来是失传了。"

　　根据郭任天的文章，他在 19 岁时进入高邮永圣槽坊，前后工作近十年，对陈瓜酒非常了解。这家始于清朝乾嘉时期的槽坊位于车逻乡张家庄，店主姓张，牌号不甚出名，但人人知道"张二房槽坊"。最出名的是"张四房槽坊"，但在清末民初时因经营不善倒闭了。后来在高邮东街"王吉升"和界首"李恒源"都生产过陈瓜酒，但也都相继倒闭了。"张二房槽坊"一直维持到高邮沦陷后次年才关门。

　　在当地，做烧酒的称为粗作，做陈瓜酒的称细作。而烧酒也称为蒸汽出酒，有土烧酒、大曲酒、茅台酒；滤汁出酒则有米甜酒、丹阳黄酒。陈瓜酒就相当于丹阳黄酒，它的制作过程四季不同，必须严格遵守自然规律。

　　根据郭任天的描述："陈瓜酒以糯米、小麦为主要原料，生产季节总是秋天开作，春末结束。概括说来，是夏做曲，秋备米，冬酿酒，春吊糟。"

　　夏天做曲，即以麦曲原料八成小麦、两成大麦粉碎后水拌下模，保温发酵；秋天则是备米，要红糯子品种，出酒量高；冬天则蒸饭、下醇、投曲进行酿造。整个酿造过程持续一个多月，其中最关键的是"拔小醇"。这是整个酿酒过程最核心机密的环节，只有老师傅一个人知道，连店主都不得知。老师傅会从几家药店分别买药，即使是你认识药也不知道配方和分量，最后都是靠师传弟子才一代代传下来。

　　高邮陈瓜酒性温和，味醇厚，不只是佐餐的食用酒，还是治疗病痛的药用酒。"过去患筋骨痛、风湿痛者，不怕路远，跑到张家庄买酒泡药治病。东台、大丰一带，妇女分娩，都以陈瓜酒代替姜艾汤。"

　　由此可见，高邮的陈瓜酒不只是在本地销售，还销往外地，在《高邮州志》上张兆珠还写过一首《竹枝词》："酒船相约一起开，佳酿张庄满载来，俏遍家乡城市外，轻帆连夜到东台。"

据说当时张二房每年陈瓜酒产量都在大几千坛，坛头有泥封口，有酒名印记。在咸丰、同治年间，高邮陈瓜酒还远销到南洋，还拿过"巴拿马大奖"。每年冬令后，高邮人都会期待着陈瓜酒的香味，既可以招待亲朋，也可以怡情暖身。

后来我又从《高邮文史资料》上查到吴伯颜的文章《高邮美酒结诗缘》，其中提到了高邮的酒类非常丰富。

黄酒有：五加皮酒、冬青酒、豨莶酒（淮南名酒）、女贞酒、陈瓜酒、真一酒。

白酒有：烧酒、橘绿酒、国公药酒、锅巴酒、三花酒（含有玫瑰、蔷薇、金银花）、归元酒、蜜酒、江米酒。

高邮后来日常生产的则有以下品种：文游大曲、粮食白酒、方塔白酒、方塔曲酒、真一酒、封缸酒、米甜酒、临泽汽酒、啤酒等。

我收集的高邮老酒商标

前段时间我收集了不少高邮的老酒牌，发现高邮的酒类真是丰富多彩。用《野菜谱》作者王磐的诗句形容就是："北海今朝是醉乡。"

（四）

在高邮寻访汪曾祺的足迹时常常能遇到投缘的"汪粉"。记得那天我坐在竺家巷汪曾祺故居附近的小酒馆与一个陌生的大叔就喝上了，闲聊中发现，这位大叔看过很多汪曾祺的作品，可算是一位合格的"汪粉"了。

在高邮与汪曾祺的妹妹汪锦纹闲聊，她说，知道大哥爱喝酒，我那时在泗阳工作，请了假回来请大哥到家里来吃饭，一下子开了六桌酒席，我从泗阳带来的汤沟大曲，瓷瓶子装的，真是好酒，大哥喝得很高兴，在饭桌上还和晚辈孩子玩掰手腕呢。

在高邮吃饭，年过八旬的杨汝祐先生喜欢来上几杯，我发现我根本陪不住他。其夫人任俊梅女士说，要是王树兴在就好了，意思是王树兴在酒量上还能"对付"杨老。

据杨汝祐先生回忆，汪曾祺第一次回来时，很受政府各界的欢迎，住在"一招"，这个请，那个请。后来他们有一次问汪曾祺说，你看看要不要回请一次？汪曾祺不答应，说我不请。后来人家又说，这样啊，我们也知道你在家不管账，你不是给我们写了一篇作品吗？稿费就够了，可能还使不完。汪曾祺还是说不请，我为什么要请？结果双方关系就搞僵了。就是这个时候，杨汝祐他们去找了汪曾祺聊天，在高邮城北门外的新河边散步。汪曾祺就即兴写了一首

1981 年，汪曾祺回到高邮与家人一起合影（汪家人供图）

诗给杨汝祐：

> 晨兴寻旧郭，散步看新河。
> 舲舶垂金菊，机船载粪过。
> 水边开菜圃，岸上晒萝卜。
> 小鱼堪饱饭，积雨未伤禾。

那一天是 1981 年 11 月 18 日。我想汪老当天一定喝了不少家乡的老酒。

高邮食物名词解释

一壶三点心

　　"上茶馆"是喝茶，吃包子、蒸饺、烧麦。照例由店里的"先生"或东家作陪。一般都是叫一笼"杂花色"（即各样包点都有），陪客的照例只吃三只，喝茶，其余的都是客人吃。这有个名堂，叫做"一壶三点"。

　　1991年秋，汪曾祺回到高邮用餐时，当地改以"五点一壶"招待，即一壶茶，点心有蟹黄、冬笋、烧卖、汤菜、翡翠、豆沙、蒸饺等。

高邮"十二红"

　　……还有一个风俗，是端午节的午饭要吃"十二红"，就是十二道红颜色的菜。十二红里我只记得有炒红苋菜、油爆虾、咸鸭蛋，其余的都记不清，数不出了。也许十二红只是一个名目，不一定真凑足十二样。不过午饭的菜都是红的，这一点是我没有记错的，而且，苋菜、虾、鸭蛋，一定是有的。这三样，在我的家乡，都不贵，多数人家是吃得起的。

根据收集的资料显示，现在端午节高邮的十二红为：炒苋菜、咸鸭蛋、红烧黄鱼、红烧老鹅、红烧仔鸡、烧龙虾、鲜肉粽子、西红柿、樱桃、杨花萝卜、枇杷。

麒麟菜

麒麟菜出自汪曾祺作品《熟藕》："酱菜里有一种麒麟菜，即百花菜。不贵，有两个烧饼的钱就可以买一小堆，包在荷叶里。麒麟菜是脆的，半透明，不很咸，白嘴就可以吃，孩子买了，一边走，一边吃，到了家已经吃得差不多了。"

我在袁枚的《随园食单》里也看到这味小菜："酱石花，将石花洗净入酱中；临吃时再洗。一名'麒麟菜'。"这种小菜有点类似于海带丝，吃上去脆生生的，宜于凉拌。

火镰子

火镰子出自汪曾祺作品《卖眼镜的宝应人》："他说中国各地都有烧饼，各有特色，大小、形状、味道，各不相同。如皋的黄桥烧饼、常州的麻糕、镇江的蟹壳黄，味道都很好。但是他宁可吃高邮的'火镰子'，实惠！两个，就饱了。"

为此我特地请教了高邮任俊梅女士，她说："火镰子是菱形的，'肚子'里葱花特别多，抹油盐，制作如同烧饼，出炉时，香飘十里。冬天寒风中，烫烫的，香香的，爱死人！高邮人说：

'打个嘴巴子也舍不得丢手。'"任老师还补充道："也叫'火刀镰子'。取其形，取其烫（火）吧？或者是火中烤出来的一块状如镰刀的烧饼？"

采子粥

采子粥出自汪曾祺作品《黄开榜的一家》："这十六个包子可以管他一天，晚饭只要喝一碗'采子粥'——碎米加剁碎了的青菜的粥，本地叫作'采子粥'。"

这种粥我也跟高邮近邻江都的朋友学做过，那时住在简陋的出租房里，拿电饭煲炖这种菜粥，炖的时候要先炖碎米，然后再加入荤油和斩碎的青菜，一边煮一边慢慢搅和着，离不开人，要时刻防着煳底，有时候手里拿本书，一边看一边搅和，满屋子都是和米香味儿，很温馨。

但后来我在调查时发现，"采子粥"还有另外的说法，有人就提出是用米厂碾米筛子底下的碎米头子，重新过筛子，与米糠分离，就是"采子"。而且煮粥时，必须先将水烧开，然后一点点均匀地将采子倒进滚水里。还有的地方"采子粥"里是要加麻油和白糖的。更有人提出，"采子"应该是麦子（大麦）磨的粉，如此可以使得粥烧得滑滑的，口感很好。至于在烧粥时再加点碱并且要用井水的土法，我是没有试验过，老饕们不妨尝试一下。

汪曾祺另在一篇《黄油烙饼》中还写过以草籽烧的粥："这粥是草籽熬的。有点像小米，比小米小。绿盈盈的，挺稠，挺香。"我相信这种粥味道也是极好的。

油端子

油端子是什么？我在扬州东关街上曾见到过这种小食摊。有点类似炸油条的摆设和工具，炸好的油端子一排排摆着，看上去很是诱人。

汪曾祺在散文《吴大和尚和七拳半》中有一段这样的文字："我的家乡有'吃晚茶'的习惯。下午四五点钟，要吃一点点心，一碗面，或两个烧饼或'油端子'。"

根据扬州美食研究学者朱江的记录："做油端子的工具是铁皮做的带褶边的圆饼状勺子，原料是面粉加萝卜丝和成糊状，把面糊舀进褶边勺子里，将勺子伸进沸油锅里炸至金黄，拿出来就成了带花边的油饼，很是解馋。"

汪曾祺另在小说《八千岁》里提到"油墩子"也就是"油端子"："白铁敲成浅模，浇入稀面，以萝卜丝为馅，入油炸熟。"

油端子外形其实有点类似于洋快餐里的"蛋挞"，只不过它是咸的，而且是萝卜丝的馅料，并经过了油炸，是中国特有的在高邮、江都、仪征、宝应等地都能吃到这味小吃。

秦邮十大名菜

1989年1月，高邮县（今高邮市）商业局与高邮县饮食服务公司联合推出了"秦邮十大名菜"：

一、璧合珠联——高邮双黄鸭蛋

汪曾祺在《端午的鸭蛋》中曾经提到家乡的鸭蛋："曾经沧海难为水，他乡咸鸭蛋，我实在瞧不上。"苏北的《一汪情深》中也有这样的记录：有人对汪曾祺说"高邮除了秦少游外，

《秦邮十大名菜》手册

就是您了"。汪曾祺："不对，高邮双黄蛋比我名气大多了，我只能居第三位。"

二、珠湖雪浪——雪花豆腐

汪曾祺在写豆腐菜时也提到过，"近年高邮新出一道名菜：雪花豆腐，用盐，不用酱油。我想给家乡的厨师出个主意：加入蟹白（雄蟹白的油即蟹的精子），这样雪花豆腐就更名贵了。"

三、地久天长——砂锅天地鸭

四、金宝大发——香酥麻鸭

五、霞蔚凤仙——叉烧野鸭煸

六、雏凤迎春——香卤桃花鹨

汪曾祺曾专门写过这种湖畔野鸟："沙鸡嘴短而红，腿也短。我们那里的鹨却是水鸟，嘴长，腿也长。鹨的滋味和沙鸡有天渊之别。沙鸡肉较粗，略有酸味；鹨肉极细，非常香。"在吃过卤制的桃花鹨后，汪曾祺感慨地说："我一辈子没有吃过比鹨更香的野味。"

七、金裹银装——金丝鱼片

这道菜也是汪曾祺的最爱之一，取高邮湖的昂嗤鱼，一般是春秋两季上市。汪曾祺写过这种鱼说：当你捏住它背部的那根硬刺，它便会有"昂嗤昂嗤"的声音。取其两腮部两块蒜瓣肉，加蛋清、菱粉烹制，香飘十里。

八、玉珠藏丹——夹心鱼圆

九、文游玉带——芙蓉瓜鱼

十、三阳开泰——高邮羊肉汤

穿心红萝卜

"我们家乡有一种穿心红萝卜，粗如黄酒盏，长可三四寸，外皮深紫红色，里面的肉有放射形的紫红纹，紫白相间，若是横切开来，正如中药里的槟榔片（卖时都是直切），当中一线贯通，色极深，故名穿心红。卖穿心红萝卜的挑担，与山芋（红薯）同卖，山芋切厚片。都是生吃。"（汪曾祺《萝卜》）

塘鳢鱼与虎头鲨

1991年10月，汪老回高邮特地为陪他的政协办公室主任杨杰书写了一幅《虎头鲨歌》：

苏州嘉鱼号塘鳢，苏人言之颜色喜。
塘鳢果是何物耶，却是高邮虎头鲨。
此鱼高邮视之贱，杂鱼焉可登席面。
虎头鲨味因自佳，嫩比河豚鲜比虾。
最是清汤烹活火，胡椒滴醋紫姜芽。
酒足饭饱真口福，只在寻常百姓家。

诗中所写一种淡水鱼颇为有趣，即苏州人称"塘鳢鱼"，高邮人称"虎头鲨"。汪曾祺曾专门描述这种鱼的特点和食法："这种鱼样子不好看，而且有点凶恶。浑身紫褐色，有细碎黑斑，头大而多骨，鳍如蝶翅。这种鱼在我们那里也是贱鱼，是不能上席的。苏州人做塘鳢鱼有清炒、椒盐多法。我们家乡通常的吃法是氽汤，加醋、胡椒。虎头鲨氽汤，鱼肉极细嫩，松而不散，汤味极鲜，开胃。"

"文游宴"

汪曾祺的《故乡的野菜》中提到秦观著名的饮食诗作《寄莼姜法鱼糟蟹》，以此说明高邮应该是出产莼菜的。其实高邮湖那么大，有莼菜也不稀奇，可能是后来渐渐没人吃了，也就淡出了高邮人的餐桌。后来高邮人以这首诗为由头，开发出了"少游宴"，还入选了"中国名宴"。

根据高邮市烹饪协会编印的《秦邮烹饪简讯》（1994 年 6月 4 日第十三期）介绍，秦观的诗是为研制"文游宴"的好教材，这个"文游宴"后来就逐渐演变成为以秦观命名的"少游宴"。

寄莼姜法鱼糟蟹

鲜鲫经年渍醽醁，团脐紫蟹脂填腹。

后春莼苗滑于酥，先社姜芽肥胜肉。

凫卵累累何足道，饤饾盘餐亦时欲。

淮南风俗事瓶罂，方法相传为旨蓄。

鱼鳙虿醢荐笾豆，山蔬溪毛例蒙录。

辄送行庖当击鲜，泽居备礼无麋鹿。

《秦邮烹饪简讯》中引用了金仲辉的译注，全诗译文如下：

新鲜的大鲫鱼，美酒已泡了一年，团脐的紫蟹，满肚子的脂膏真美。

1994 年《秦邮烹饪简讯》封面

立春后的莼菜，润滑超过了油酥，秋社前的芽姜，比肉还要肥脆。

累累的野鸭蛋有什么了不起？如果想要冷盘热炒，有的是！

装瓶入罂腌制菜肴，是淮南风俗，这方法是为把美味好好来储蓄。

鱼蜃干子和肉酱是给您装装菜盘子，山菜水藻都请您收下，千万别客气。

专给您送去的这些请当作鲜肉来做菜，水乡的人实在没啥山珍礼物可以去买！

这首诗描述的是北宋元丰年间，诗人苏东坡来访高邮秦少游时，又约了孙莘老、王巩在东岳庙后东山楼台，设宴载酒论文，一时群贤毕至。此诗为秦少游在赠送苏东坡乡土礼物时所赋。诗中描述了种种高邮特产美食，值得追溯。2012 年，高邮的"少游宴"参加了"中国名宴"评审申报，获得中国烹饪协会的授牌。据了解，高邮市除了"少游宴"，还有一些具有浓郁水乡风味和深厚文化内涵的地方特色名宴，如汪氏家宴、全鸭宴、珠湖鱼宴、清真宴、盂城驿宴等。

汪曾祺最爱吃鳜鱼

汪曾祺生在水乡高邮，身居大运河畔，与高邮湖相伴，食物中最多的应该是水生物鱼类。通过他的自述可知，他最爱吃的是鳜鱼。

汪曾祺在 1987 年发表的《鳜鱼》一文中提到，"鳜鱼是非常好吃的。鱼里头，最好吃的，我以为是鳜鱼"。

鳜鱼在江南一带是颇受食客和厨师喜欢的一种鱼类，如苏州的"松鼠鳜鱼"，汪曾祺也写过这道菜，说味道甚佳。据我所知，这道菜在苏州一家老字号里一天能卖上千条，真是不敢想象，那么大量出产的菜肴还是不是原来的味道？用来调色的，恐怕也不再是传统的红曲了，取而代之的是番茄酱。但小孩子们都特别喜欢吃，酸酸的，甜甜的，看着颜色也是那么鲜亮，因此在喜宴、寿宴和满月宴上都会有这道菜。反正我现在招待外地客人就不再点这道菜了。

但鳜鱼却不能不吃，毕竟其味鲜美，甚至有人疑心早期"张翰思鲈"不是鲈鱼，反倒是鳜鱼，因为这两种鱼实在长得太像了。看江苏吴江的地方史料记录有一种鱼叫"鲈鳜"，"状如鳜，体略延长，白底黑斑，秋天由近海入河口，长可盈尺，巨口细鳞"。（沈昌华《鲈乡说鲈》）

还是来看看汪曾祺的具体考据吧。

1987 年，汪曾祺在美国（汪家人供图）

汪曾祺在《鳜鱼》一文中提到《徐文长佚草》，其中有一首《双鱼》，说的就是鳜鱼的渊源。诗后的注解更是引起了汪曾祺的注意："鳜鱼不能屈曲，如僵蹶也。"文章由古代的衣服面料考证到鳜鱼身上的杂色。又从鳜鱼到桂鱼，再到鲈鱼，其实说的都是一种鱼。高邮人就称为"鲈花鱼"。之所以在很多饭馆被写成"桂鱼"，实则是因为便于辨认和传播，如苏州的饭馆的菜谱上都常写着"松鼠桂鱼"。

汪曾祺说鳜鱼好吃是有道理的："鳜鱼刺少，肉厚。蒜瓣肉。肉细，嫩，鲜。清蒸、干烧、糖醋、作松鼠鱼，皆妙。余汤，汤白如牛乳，浓而不腻，远胜鸡汤鸭汤。"

在另一篇论鱼文中，汪曾祺自述："一九三八年，我在淮安吃过干炸鲈花鱼。活鳜鱼，重三斤，加花刀，在大油锅中炸熟，外皮酥脆，鱼肉白嫩，蘸花椒盐吃，极妙。"后还引用张岱说法："酒足饭饱，惭愧惭愧！"

能和鳜鱼媲美的有哪些鱼呢？刀鱼、鲥鱼、石斑鱼，但是上述鱼类都有季节性，而且有的多刺，如刀鱼。唐代张志和《渔父五首·西塞山前白鹭飞》："西塞山前白鹭飞，桃花流水鳜鱼肥。"古代文人爱好鳜鱼不是没有道理的。

汪曾祺画鳜鱼（汪家人供图）

汪曾祺不只是在散文中写鳜鱼，在小说里也曾多次提及，如小说《金冬心》中，就写盐商程雪门宴请两淮盐运道铁保珊："鳕花鱼不用整条的，只取两块嘴后腮边眼下蒜瓣肉。"

"凡吃鱼的鱼，生命力都极顽强。"汪曾祺的意思是鳜鱼好吃在于此鱼是吃鱼的。这也道出了鱼类鲜美的真谛，凡好吃的鱼一定得是野生的。

李渔在《闲情偶寄》中说："鱼之至味在鲜，而鲜之至味，又只在初熟离釜之片刻，若先烹以待，是使鱼之至美，发泄于空虚无人之境；待客至而再经火气，犹冷饭之复炊，残酒之再热，有其形而无其质矣。"

因此，烧鳜鱼鲜美之法也在于活鱼现做。这里介绍一种鳜鱼的新吃法，即红烧鳜鱼，主料是七八两的鳜鱼（苏州美食家陆文夫说过，鳜鱼超过一斤就不好吃了），用料也不过是寻常的白糖、红辣椒、绍酒、清汤、酱油、醋、精盐、淀粉、葱、姜。但有一样东西不可少，即熟猪油。红烧鳜鱼一定要用熟猪油炸至两面泛金黄色。这样烧出来的鳜鱼不仅肉质鲜嫩，而且去腥增香，其汤汁更是格外鲜美，拿来汤汁泡饭吃简直是打十几个嘴巴子也舍不得放下。

在此向大家介绍一种江南家宴中吃鳜鱼的方法：备鳜鱼一条，约半斤以上，将鳜鱼洗净，剥鳞破腹去杂，用刀在背上划成斜纹如畦形，浸入淡盐水中，约十分钟起出，晾干（使其肉质坚实）。热镬沸油，将鱼放入余炸至两面黄时，见背肉鼓起即透（沥去余油）。泼入酱油，渍二分钟，翻身，随取兑好之糖、醋、芡粉浆、姜末、葱花倾入，盖盖儿，以文火焖至汤汁将干未干之候起食，味极浓香，使人食欲大增。

"鳜鱼一定要现杀现蒸，而且最好蒸完就端上来请客人品尝，不要因为它是主菜而放在最后。据说汪曾祺很会辨别鳜鱼新鲜与否，说有一次作家聚会，席间，服务员端上一道清蒸鳜鱼，鱼有两条，一大一小。桌上众人都先拣大的下手，唯独汪曾祺把筷子伸向了小的。作家宗璞心细，问其缘由，汪曾祺答道：大的鱼皮是白色，不新鲜；小的鱼皮呈黄色，新鲜。宗璞已经吃过大的，听此一说便再去尝尝小的，味道果真不一样，确实是小的好。"（成健《汪曾祺的鳜鱼》）看来，汪曾祺真是把鳜鱼研究透了。

嚼之声动十里

高邮老字号"陈小五面馆"的附近，有一家叫"随园菜馆"的餐馆。当时就觉得，这家菜馆口气不小哇，敢取袁才子的大号为店名。

店名的书法是朱延庆写的，我知道这位先生是因为汪曾祺。似乎每次汪曾祺回乡，都是这位领导陪同接待的。两人颇有交情。

我跟随杨早兄进得门内，大堂里有书架、题字、名人照片等。包厢的名字也都是书法体，颇为斯文。题字者和合影人则多是作家文人。北京的，南京的，上海的等。李敬泽、毕飞宇、邵燕祥、洛夫、谢冕、叶橹等等，足见老板在文学圈的人缘。

听说这家店一般不对外营业，要提前预约。因为老板要亲自下厨。我看了下老板的名字，张建农。不像是有名的厨子。实际上我从和他的交谈中才发现，此人的确不像是一个单纯的厨子。

菜一道道上来。我和著名高邮籍作家王树兴、汪味馆老总冯长飞、杨早就坐饮酒吃菜。

拌紫甘菜、醉青虾、慈菇片烧野鸭、雪花豆腐、老鸭汤、金丝鱼片、丝瓜炒木耳和素鸡等，酒一点点喝下去。闲谈中，王树兴一直在夸奖说今天这个鸭汤烧得到位，真是到位。当雪花豆腐上来时，用的是一只大檐盘子，就像是一顶窄口的白色大礼帽，极具美感。豆腐羹的口味更是鲜得够味，稠而不浓，鲜而不咸，入口即化。

一道碧绿鲜嫩的炒菠菜上桌时，戴着金丝框眼镜的张建农解下围裙随着菜品进屋落座。看得出来，他是一位极会吃的人士，微胖，看上去并不像是一个大厨。他的谈吐里好似透着些作家接受别人评判作品的意蕴。他并不问及菜味如何，只是随着大家的节奏吃菜喝酒。只是在我们的一再询问下，他才端坐着摘下眼镜讲解做菜的心得。他有个习惯，就是一旦开始讲解，就要停住一切动作，把眼镜摘下拎在面前，然后极其认真地讲。他讲解做鸭汤如何鲜而不腻，淡而有味，耐人品味。炒菠菜的诀窍是不能老了，也不能生了，需吃起来是脆脆的。我感觉他说的"脆"字极其生动，仿佛就像一个东西嘎嘣一声脆掉了。他说即使是做简单的丝瓜炒木耳和素鸡也不简单，丝瓜不能炒得发黑，素鸡也不能弄得太烂。当又一道口蘑汤油炸素饺子端上来时，他很是自信地让大家都尝尝。他说这道菜灵感来自于汪（曾祺）先生，用张家口的口蘑做汤，太美了。至于油渣饺子，就是韭菜和豆腐干，但吃起来也是脆脆的。而且可以蘸着口蘑汤吃。

接着张老板就提到一个名人，匡亚明，南京大学的校长，著名的学者。他曾在此地吃过饭。他对此地的雪花豆腐有一个客观的评价说：淮安的平桥豆腐太浓，扬州的文思豆腐太淡。高邮的雪花豆腐则正好处于一个合适的程度。恰如其分。可谓佳评。

说了许多得意之作之后，张建农亦坦陈，"随园"这个牌子不是随便打出来的，袁枚这个大吃货也并非浪得虚名。但同时张老板也表示，他与袁枚有不一样的观点，譬如袁枚说一锅可以多用，他觉得不对，应该是各有各的"锅气"，北京的涮羊肉就是那种专有的"锅气"。张老板还对淮扬菜的代表作"狮子头"有别样的理解，"不是圆的，而是扁的，你去看看舞狮子的头部就是扁的"，因此他做的狮子头也是扁的。

张老板在叙述菜肴时特别开玩笑说了一句话："别欺负我伙夫不读书啊！"张老板笑眯眯的样子，很是可爱，使人听着他谈话就很有食欲。难怪就连汪曾祺的公子汪朗先生都给他题词："好吃好吃！"

最后上来一碗阳春面。胡椒籽是散碎的，不是末子，但是会感觉很香。张老板说，阳春面的面汤就是神仙汤，而他家的面不是水面，是挂面，最独特的是胡椒籽只是切开小瓣，这样你在吃的时候，偶然嚼到一颗，味道会在口腔里爆开。非常香。

最后照规矩要留言，杨早酒后即兴抒发一首：

咏絮思脍始可传，
大道如月映山川。
寄心饮食堪称意，
雅厨知味在随园。
（此处应有掌声）

接着让我写，我懵然无措。忽然想到了张老板一再强调的一个字"脆"。从冷盘的紫菜、醉虾到炒丝瓜、炒菠菜再到最后的胡椒籽，无不是脆声生动。用张老板的话说，还是汪老汪曾祺的话到位："嚼之声动十里人"。

　　于是我就手写了一句话："食口爽脆，做人干脆。"

　　真的值得欣慰，在汪老的故乡，还有人如此痴迷于饮食文化，并认真钻研下去，可谓食客福气也！

　　新的一年，吃在高邮。

小说五味

那些年汪曾祺吃过的土豆

充饥与加餐

我们老家不产土豆，但我们老家常常把土豆作为一道炒菜招待客人。我们家人都习惯称为马铃薯，马铃薯炒肉丝，马铃薯炒鸡蛋，马铃薯丁子做汤，马铃薯切片油炸着吃。马铃薯直接投进火塘里烤熟剥皮吃，或者洗洗上锅煮着或蒸着吃，都很相宜。

曾经看过一本书叫《马铃薯吃法四百种》，当时就想，就算一天吃一顿一年也吃不过来。后来又一想，写这本书的人要么是因为物资实在太贫乏，除了马铃薯没有别的可吃，要么就是对马铃薯爱到痴迷的程度。后来我看了这本书的出版年代，基本是属于前者的。

由此我想到了国内自称吃土豆最多的一位作家汪曾祺，他总结过马铃薯的各种名字：土豆、山药、山药蛋、洋芋、洋山芋等。汪曾祺说："除了搞农业科学的人，大概很少人叫得惯马铃薯。"也就是说马铃薯是其学名。或许是因为我们那里不产这种作物，因此才习惯了称呼其学名。

待长大之后，发现土豆在外国被运用得更为普遍，如在苏联有土豆烧牛肉就是共产主义。我看了一些资料发现，我们在五六十年代的马铃薯种植技术都在向苏联学习，就连农业教材也是由俄文翻译过来的。这一点似乎汪曾祺也认同，他写过："马铃薯原产南美洲，现在遍布全世界。苏联卫国战争时期的小说，每每写战士在艰苦恶劣的前线战壕中思念家乡的烤土豆，'马铃薯'和'祖国'几乎成了同义字。"

在欧美国家则有土豆泥、薯条、薯片等，洋快餐、西餐里都有土豆。写到这里突然发现，无论你来自任何国家，土豆都可入菜。

走南闯北几十年，发现有一道菜基本上大家都可以接受，那就是青椒土豆，有点微辣、有点微酸、有点微甜，开胃爽口，又适合佐酒下饭。

有关马铃薯的记忆，我首先想到，家里如果来客人了，只要时令适合，餐桌上一定会有土豆菜出现。还有就是麦收之前，家里也会准备一堆土豆的，届时肉丝炒土豆丝、土豆丝凉拌面、青椒土豆片等就会轮番上阵，土豆熟得快，又是一道可解馋的菜，可为辛苦的麦收加加餐。

《中国马铃薯图谱》

一九五八年，作家汪曾祺被下放到张家口沙岭子农业科学研究所劳动。从此，中国的土豆吃法和吃的意境被改变了。这还不是最神奇的，最神奇的是，汪曾祺画土豆。

汪曾祺在《马铃薯》一文中写道："1960年摘了右派分子帽子，结束了劳动，一时没有地方可去，留在所里打杂。所里要画一套马铃薯图谱，把任务交给了我。所里有一个下属的马铃薯研究站设在沽源。"

　　有谁见过汪曾祺画的《中国马铃薯图谱》？我想除了汪曾祺和个别当时他的同事，至今还鲜有人见过那些堪称传奇的画，包括汪曾祺的家人。汪家长公子汪朗先生在《随遇而安的三年》中提及，父亲被下放到张家口沙岭子后，家里对这个地名特别熟悉，因为来往书信都是这个地名，父亲来信就说要稿纸和毛笔，而且毛笔指明要'鸡狼毫'。或许是因为有美术和戏剧基础，汪曾祺在劳动之余还要帮演员化妆、搭布景、参与办展览等。汪朗回忆称："他曾经用许多种土农药粘贴出一幅很大的松鹤图，色调古雅。"读汪朗的文章还使我明白一个词"脱毒"，在我收集的一些早期有关马铃薯的资料中都有这个词，就是说马铃薯染上病容易减产。一九六一年夏，汪曾祺从沙岭子调到沽源去负责画一套《中国马铃薯图谱》。为什么要画这个呢？因为马铃薯本属于高寒地区特产（难怪我老家平原地带基本没有种植），后来为解决吃饭问题发展到各地区种植就遇到了新问题，因为在热的地方种植马铃薯几年后容易感染病毒，从而退化减产。沽源地处高寒地区，就成了全国的马铃薯研究基站，汪曾祺被派到这里要求把中国马铃薯的谱系画出来，以作为科学研究资料出版和保存。"爸爸觉得，薯块画起来比马铃薯的花要容易，想画得不像都不容易。不过，他70岁后画过一幅马铃薯，外加西葫芦，我们实在看不出好来，马铃薯疙里疙瘩的像个癞痢头。可能是时隔多年印象淡漠了，当年应该不是这个样子。"从这一点可以看出，汪家后人也没有见过汪曾祺当年画的那套图谱。但是汪曾祺的马铃薯花画得好却是公认的，因为后来他又接着画了几幅，在高邮汪家就有一幅马铃薯花卉图，据说是目前仅存的一幅。我有幸见过这幅马铃薯花卉图，只能说太雅了，水灵灵的，就像是刚从地里拔出来似的，太喜欢了。
汪朗曾写过："爸爸刚从张家口回北京时，马铃薯花画得确实
不错，当时家里有两个白茬的木头茶叶盒，有鞋盒的一半大小。
爸爸闲来无事，在表面用钢笔画了不少画，其中便有马铃薯花，
还真有点儿像水仙。"是的，汪曾祺画的马铃薯花就像是水仙。

　　谁能想象得出，一个刚刚被摘了右派帽子的"闲人"在远
离家乡的荒凉边塞（据说古代这里是类似充军的地方，简称"军
台效力"），在海拔一千四百米，冬天冷到零下四十摄氏度的
农业基站，画出了一幅又一幅水仙般的马铃薯花，而且画得很
像（汪曾祺自己都很满意，相信一定很像很美的）。"坐对一
丛花，眸子炯如虎。"这是他当时一首诗的两句。

　　马铃薯花一落，薯块就要成熟了。汪曾祺吃土豆的季节来
临了……

汪氏吃过的土豆名谱

　　汪曾祺在《马铃薯》文中写道："马铃薯的花一落，薯块
就成熟了，我就开始画薯块。那就更好画了，想画得不像都不
大容易。画完一种薯块，我就把它放进牛粪火里烤烤，然后吃掉。
全国像我一样吃过那么多种马铃薯的人，大概不多！马铃薯的
薯块之间的区别比花、叶要明显。最大的要数'男爵'，一个
可以当一顿饭。有一种味极甜脆，可以当水果生吃。最好的是'紫
土豆'，外皮乌紫，薯肉黄如蒸栗，味道也像蒸栗，入口更为细腻。
我曾经扛回一袋，带到北京。春节前后，一家大小，吃了好几天。
我很奇怪：'紫土豆'为什么不在全国推广呢？"

　　另在《沽源》文中，汪曾祺再一次提到了马铃薯的品种："我

大概吃过几十种不同样的马铃薯。据我的品评，以'男爵'为最大，大的一个可达两斤；以'紫土豆'味道最佳，皮色深紫，薯肉黄如蒸栗，味道也似蒸栗；有一种马铃薯可当水果生吃，很甜，只是太小，比一个鸡蛋大不了多少。"

为了寻找汪曾祺在张家口的史料，我曾经多方收集当地的农业资料，其中有一本《马铃薯栽培保管问答》，河北人民出版社于1956年出版，编者则是"河北省沙岭子农业试验站"，封面一株马铃薯彩色全图，朴素而形象。我还一度怀疑是汪曾祺的手笔，但看了汪曾祺年谱，此时他应该还没有到达沙岭子。书中介绍有关马铃薯的品种极其好玩，我想汪曾祺要是看过此书一定会大为受益。书中介绍的品种有紫山药、白发财，还有财主灰、花花山药、黄山药、天津蛋、男爵等。

就汪曾祺提到的紫山药，书中介绍："在张家口专区各地种得很多，是一个中熟种，生长约一百二三十天，开白花，薯块是长扁圆的，紫皮白肉，芽眼比较多，常年产量每亩一千斤上下，面性大，发沙，适合口味，不耐晚疫病，退化较慢。"

汪曾祺所提到的"男爵"也有介绍："有的地方叫'小白山药'，也有叫'白快山药'的，延庆县（今延庆区）一带种得多，坝上沽源县一带也有种的，是早熟种。在张家口专区坝下从播种到成熟得九十天到一百天，坝上日期更长，秧子直立，不很高，花淡紫色，薯块扁圆形，白皮白肉，芽眼比较少，在坝下因为退化快，容易缺苗和得毒病……"

这本书里还提到了汪曾祺写过的"喷洒波尔多液"的方法和技巧，如何在喷射时省工，使药液很均匀地喷到各部，可以根据垄的宽窄，每隔五六行，将秧子往两边拨一下，形成一条小路，顺着小路两旁向前挨着喷。这样就能喷洒得均匀周到，相信汪曾祺当初也是这样的。

汪曾祺还曾写过一种瓢虫，二十八星瓢虫，又名花媳妇、土鳖蛋、花大姐、花手巾等。这是马铃薯的天敌，这虫子有一种装死的本领，早晚不活动，一岁后在叶子的背面啃食叶肉。

汪曾祺说："全国像我一样吃过那么多种马铃薯的人，全国盖无第二人。"

马铃薯在当时到底有哪些吃法呢？这本书里记录得非常详细。可以焖、蒸，也可以用油炕着吃，特别香。总结下来有如下食谱：

一、焖饭：马铃薯洗净，切成块，大小随意，加水煮到半熟，然后下米再焖，用小米、大米或高粱米都可以。

二、和白面混合，蒸馒头、烙饼：把焖熟的马铃薯剥皮擦碎，和白面混合发酵以后，加入适量的碱再蒸。如烙饼就不需经过发酵加碱。小米面、玉米棒子面或高粱面都可以代替白面。如果把加工磨细过箩的小麦麸掺上蒸熟去皮的马铃薯，蒸出的麸子面馒头特别甜且富含营养。

另外还有马铃薯馈儡、马铃薯鱼子、马铃薯丸子、马铃薯凉糕等。在汪曾祺的食谱写作中就曾出现一种食物：莜面。莜面是由莜麦加工而成的面粉，在山西、内蒙古、河北坝上地区吃得特别多，后来还出现在了《舌尖上的中国》纪录片里，并被包装成了餐饮品牌在全国开了连锁店。因此，全国各地的人都认识了这个"莜"字。

一九八三年，汪曾祺应张家口市文联之邀故地重游，还能清晰回忆起当年他在这里放工吃饭的场景，"到稻田干活，一般中午就不回所里吃饭了，由食堂送来。都是蒸莜面饸饹，疙瘩白熬山药，或是一人一块咸菜。我们就攥着饸饹狼吞虎咽起来。"

在很多马铃薯的食谱中都有莜面的参与，如用马铃薯和莜面对半儿可以做蒸饺，用马铃薯粉和莜面二比一可以做水饺。在当地就有一种"玻璃饺子"：秋天把新收的马铃薯焖熟剥掉皮，擦碎揉匀，不加别的面，擀成饺子皮包上馅，皮薄到可以看到里面的馅，因此称为"玻璃饺子"。当地老乡还很有创新性的吃法，"把焖熟的马铃薯剥了皮切成片，用油炙了，蘸上熬熔的糖浆，就成了有名的拔丝马铃薯"。

在《马铃薯》一文中，汪曾祺曾有过这样的寄望："中国的农民不知有没有一天也吃上罗宋汤和沙拉，也许即使他们的生活提高了，也不吃罗宋汤和沙拉，宁可在大烩菜里多加几块肥羊肉。不过也说不定。中国人过去是不喝啤酒的，现在北京郊区的农民喝啤酒已经习惯了。我希望中国农民会爱吃罗宋汤和沙拉，因为罗宋汤和沙拉是很好吃的。"罗宋汤和沙拉都离不开一样蔬菜，那就是马铃薯。汪先生是见证并体验过中国农民疾苦的，他希望有一天中国农民都能吃饱吃好，还能有点儿挑食，并且在饮食文化上有所突破和提升。前者已经达到了，而后者或许需要另外一些因素才能够达到，试问：现在有多少人真正品尝过纯正的罗宋汤和沙拉滋味？当然，不喜欢吃的则属于另外一件事情了。

汪曾祺在老舍家吃芥末墩

汪曾祺与老舍都喜欢吃，而且都喜欢写吃。老舍好请客更是文艺界出了名的。早在抗战时期，老舍就有当掉一身衣服请客的佳话。

回到北京，生活稳定，尤其是做了北京文联主席后，这位并无什么权力和"油水"的主席却常常张罗着请客。

巴金先生每到北京见到老舍都会被请客："老舍同志在世的时候，我每次到北京开会，总要去看他，谈了一会，他照例说：'我们出去吃个小馆吧，'他们夫妇便带我到东安市场里一家他们熟悉的饭馆，边吃边谈，愉快地过一两个钟头。"

汪曾祺曾回忆起与老舍一起供职的时光："解放后我在北京市文联工作过几年。那时文联编着两个刊物：《北京文艺》和《说说唱唱》，每月有一点编辑费。编辑费都是吃掉。编委、编辑，分批开向饭馆。那两年，我们几乎把北京的有名的饭馆都吃遍了。预订包桌的时候很少，大都是临时点菜。'主点'的是老舍先生，亲笔写菜单的是王亚平同志。有一次，菜点齐了，老舍先生又斟酌了一次，认为有一个菜不好，不要，亚平同志掏出笔来在这道菜四边画了一个方框，又加了一个螺旋形的小尾巴。服务员接过菜单，端详了一会，问：'这是什么意思？'亚平真是个老编辑，他把校对符号用到菜单上来了！"

老舍对于美食也很热衷，并且在小说和散文里常常有所发挥。读他的遗作《正红旗下》，其中颇多旧京名菜小吃的写照，真是令人眼馋心馋。这一点倒是与汪曾祺的文风相似，他曾经预言说："在北京的作家中，今后有两个人也许会写出一点东西，一个是汪曾祺，一个是林斤澜。"他在杂文《大发议论》里写道：

> 烹调的方法既巧夺天工，新年便没法儿不火炽，没法儿不是艺术的。一碗清汤，两片牛肉，而后来个硬凉苹果，如西洋红毛鬼子的办法，只足引起伤心，哪里还有心肠去快活。反之，酒有茵陈玫瑰和佛手露，佐以蜜饯果儿——红的是山楂糕，绿的是青梅，黄的是桔饼，紫的是金丝蜜枣，有如长虹吹落，碎在桌上，斑斑块块如灿艳群星，而到了口中都甜津津的，不亦乐乎！加以八碟八碗，或更倍之，各发异香，连冒出的气儿都婉转缓腻，不像馒头揭锅，热气立散；于是吃一看二，咽一块不能不点点头，喝一口不能不咂咂嘴；或汤与块齐尝，则顺流而下，不知所之，岂不快哉！脑与口与肚一体舒畅，宜乎行令猜拳，吃个七八小时也。这是艺术。做得艺术，吃得艺术，于是一肚子艺术，而后题诗壁上，剪烛梅前，入了象牙之塔，出了象牙之狗，美哉新年也！

老舍爱吃，并且会吃，据说每年春节他家的新年菜都是老舍夫人自制的，说这样的菜够味。有一次，看老舍写《北京的春节》提到了腊八蒜，真是感到分外亲切，因为我的娘（干妈）也会做这样的秘方蒜瓣："腊八这天还要泡腊八蒜。把蒜瓣在这天放到高醋里，封起来，为过年吃饺子用的。到年底，蒜泡得色如翡翠，而醋也有了些辣味，色味双美，使人要多吃几个饺子。"

老舍先生好客，且请客不分对象，文人雅士，三教九流。据说他家的客人总是不断线。根据汪曾祺的回忆文章：

> 每年，老舍先生要把市文联的同人约到家里聚两次。一次是菊花开的时候，赏菊。一次是他的生日，——我记得是腊月二十三。酒菜丰盛，而有特点。酒是"敞开供应"，汾酒、竹叶青、伏特加，愿意喝什么喝什么，能喝多少喝多少。有一次很郑重地拿出一瓶葡萄酒，说是毛主席送来的，让大家都喝一点。菜是老舍先生亲自掂配的。老舍先生有意叫大家尝尝地道的北京风味。我记得有一次用一瓷钵芝麻酱炖黄花鱼。这道菜我从未吃过，以后也再没有吃过。老舍家的芥末墩是我吃过的最好的芥末墩！

> 这种芥末墩是由胡絜青亲手制作的，吃到嘴里脆、甜、酸、辣，爽口极了！每当朋友们点名要吃芥末墩时，老舍把手一挥："味儿很冲！管够。"

> 而老舍家的"盒子菜"也是一绝："直径三尺许的朱红扁圆漆盒，里面分开若干格，装的不过是火腿、腊鸭、小肚、口条之类的切片，但都很精致。熬白菜端上来了，老舍先生举起筷子：'来来来！这才是真正的好东西！'"

汪曾祺记录的关于老舍的事中还要数"芝麻酱"为最有趣，因为它牵涉到全北京人的口味和胃口，"老舍先生是历届北京市人民代表。当人民代表就要替人民说话。以前人民代表大会的文件汇编是把代表提案都印出来的。有一年老舍先生的提案是：希望政府解决芝麻酱的供应问题。那一年，北京芝麻酱缺货。老舍先生说："北京人夏天离不开芝麻酱！"不久，北京的油盐店里有芝麻酱卖了，北京人又吃上了香喷喷的麻酱面"。

因此，汪曾祺幽默地说："老舍是属于全国人民的，首先是属于北京人的。"我想，那一年，全北京都应该感谢老舍先生。

我记得看过一篇文章说，老舍自杀汪曾祺非常难过、悲痛，末了说，老舍家的黄鱼芝麻酱真是好吃。

老舍去世后，在各种纪念文章之中，很多人都很看重汪曾祺的一篇小说——《八月骄阳》。我曾经一读再读，有人读着读着就会掉下眼泪。在拜读这篇小说很久之后，心头还是会响起那句话：

　　　　顾止庵环顾左右，沉沉地叹了一口气："'士可杀，而不可辱'啊！"

汪曾祺和李一氓笔下的川菜馆

　　我有段时间热衷读李一氓先生的书话，发现他对美食也很有研究，对于谭家菜、对于川菜馆的叙述，都很有历史价值。

　　众所周知，如今川菜满天下，无辣不欢，似乎没有哪个城市能拒绝川菜的进驻，包括首都北京。李一氓在《饮食业的跨地区经营和川菜业在北京的发展》中就提到了川菜馆早期进驻北京的历史信息："回溯到我们进城的时候，北大红楼（沙滩）对面有三间破民房，有一个四川菜馆，菜是很不错的，恐怕有的菜比成都的还要做得好。这是一家私营菜馆，业主的姓名就不去考证了，反正他是我们四川蒲伯英在北洋军阀后期离京回川以后，留下来的他家里的四川厨师。"

　　蒲伯英是谁呢？对此，李一氓曾作详细介绍："他是一位翰林，是辛亥革命在四川发难的保路同志会的股东代表之一。袁世凯政府成立以后，他是国会议员，还当过北洋军阀哪一届政府的内务部的次长。他大概属于梁启超的研究系，北京搞话剧运动的时候，他担任过人人戏剧专门学校的校长。由他丢下的这个大师傅，来开一个四川馆子，当然是很够格的了。甚至四川的名演员，如重庆的许倩云、成都的陈书舫，到北京汇演的时候，都特意去照顾过他。"

　　其实蒲伯英不只有在政治上的声望，他在五四运动影响下曾创办北京《晨报》，亲自担任总编辑。他还写过剧本，并于1922 年创办中国第一个现代话剧专门学校——私立北京人艺戏剧专门学校。因此，有人认为蒲伯英在文学史和戏剧史上都应该被记上一笔。我看到有文章还提及，蒲伯英早期在北京琉璃厂还开过书画店，名曰"养拙斋"，书画店以经营名人字画为主，也代人装裱书画，蒲伯英亲自作画写字，据说润格不菲。

李一氓这篇论文使我想到了汪曾祺的个人回忆："一九四八年我在北京沙滩北京大学宿舍里寄住了半年，常去吃一家四川小馆子，就是李一氓同志在《川菜在北京的发展》一文中提到的蒲伯英回川以后留下的他家里的厨师所开的，许倩云和陈书舫都去吃过的那一家。这家馆子实在很小，只有三四张小方桌，但是菜味很纯正。李一氓同志以为有的菜比成都的还要做得好。我其时还没有去过成都，无从比较。我们去时点的菜只是回锅肉、鱼香肉丝之类的大路菜。这家的泡菜很好吃。"

不过由两人对于川菜口味的论述，我倒是很感兴趣做一个对比。李一氓接着谈道："解放后四川同志云集北京，却没有一个像样的四川菜馆。他们家里即或有一个四川厨师，水平也不会高。"在这种情况下，在北京开办一个四川菜馆就很有必要了，于是由四川省政府和北京市政府联合，最终选定在北京城最好的大公馆，即绒线胡同周作民的公馆作为四川饭店的选址，定性为省级企业。"这个院宅布局整齐，厅堂宽敞，是北京城现有的最典型的大四合院，作为中国餐馆再合适没有了。"

四川饭店的主理人是谁呢？韩伯城。此人曾担任过刘伯承的参谋长，后来起义失败后留在成都开了一家餐馆，叫"致美轩"。他本人亲自下厨烧菜，据说生意很是红火。他上任后，从四川网罗来不少好厨师进京掌勺，在开门之前还曾邀请各界贤达前来试菜。根据李一氓的记录："菜是很丰富，每个厨师都献出了拿手好菜，效果不见佳，主要是辣味菜几乎占了一半。"

四川菜辣是公认的，而且是麻辣，如今它之所以能够畅销恐怕也是与麻辣二字有关。对此，汪曾祺也有专门的描述："川菜尚辣。我六十年代住在成都一家招待所里，巷口有一个饭摊。一大桶热腾腾的白米饭，长案上有七八样用海椒拌得通红的辣咸菜。一个进城卖柴的汉子坐下来，要了两碟咸菜，几筷子就扒进了三碗'帽儿头'。我们剧团到重庆体验生活，天天吃辣，辣得大家骇怕了，有几个年轻的女演员去吃汤圆，进门就大声说：'不要辣椒！'幺师傅冷冷地说：'汤圆没有放辣椒的！'川味辣，且麻。重庆卖面的小馆子的白粉墙上大都用黑漆写三个大字：麻、辣、烫。川花椒，即名为'大红袍'者确实很香，非山西、河北花椒所可及。吴祖光曾请黄永玉夫妇吃毛肚火锅。永玉的夫人张梅溪吃了一筷，问：'这个东西吃下去会不会死的哟？'川菜麻辣之最者大概要数水煮牛肉。川剧名丑李文杰曾请我们在政协所办的餐厅吃饭，水煮牛肉上来，我吃了一大口，把我噎得透不过气来。"

川菜的够味正是其特点，为何那时到了京城却不时兴了呢？就此李一氓认为是它的食材受到限制，没有山珍海味，鱼翅、鲍鱼都没有，"所以只能在猪、牛、鸡上打主意"。我猜想，除了真正的四川人，不少人恐怕难以承受地道的蜀地麻辣，因此吃辣也是一种渐进的过程；还有就是四川人在多年的南征北战中也出现了口味的变化，不可能是一成不变的辣味。后来，四川饭店就进行了菜味改良，"避免了过多的辣味菜，也还有不少精心设计的带四川风味的菜肴，如灯笼鸡、肝糕、豆渣鸡、樟茶鸡、酸菜鱿鱼、红烧魔芋豆腐、开水白菜、水煮牛肉等等，并且加上一些四川点心，如酒酿汤圆、叶儿粑、萝卜丝饼之类，也算是很不错的了"。可是随着韩伯城的离去，以及四川厨师的减少，再到后来四川饭店易名成都饭店，它的菜式和经营也是一天不如一天了，虽说后来又还原了其名四川饭店，但李一氓认为，菜式已经大不如前了。

汪曾祺先生作为一位淮扬菜地区人士，为何对辣不忌讳呢？查他的作品《四方食味》就会发现，他能吃辣是"练"出来的："我的吃辣是在昆明练出来的，曾跟几个贵州同学在一起用青辣椒在火上烧烧，蘸盐水下酒。"因此，汪老谈起辣来也是"津津有味"："四川不能说是最能吃辣的省份，川菜的特点是辣且麻——搁很多花椒。四川的小面馆的墙壁上用黑漆大书三个字：麻辣烫。麻婆豆腐、干煸牛肉丝、棒棒鸡，不放花椒不行。花椒得是川椒，捣碎，菜做好了，最后再放。"

黄永玉与汪曾祺聚餐往昔

在近代文化人交往史上，黄永玉与汪曾祺是一对难以绕过的挚交。只是他们在特殊时期"失联"，也曾引起一些人的好奇心。至于真相如何，或许就连他们二人也说不清楚。为此我也曾向李辉先生、苏北先生请教详情，他们虽然具体说法不一，但总体的还是以黄、汪二家重修旧好为主体。反正那一段复杂的交情不只是牵涉人情，也牵涉到了世道。总之，从积极的一面看，这种经历反倒是一种考验，也是一种见证。

近日再次拜读黄永玉的《黄裳浅识》，更是觉得黄永玉于汪曾祺并无成见，或许就是一种好友之间应有的知趣和距离。所谓"君子之交淡如水"，好友不是时时刻刻都要保持着紧密的联系，更不是看着对方"得势"了赶紧上去祝贺或贴近，远远放在心里，未尝不是一种礼仪。

不妨看看黄永玉、黄裳、汪曾祺当年在上海滩"混迹"的派头，三人也常被称为文化界的"三剑客"。当时最有钱的是黄裳，因此请客买单的大多是黄裳。记得有一次我和苏北谈起黄裳，他说老爷子请客很有派头，舍得花钱，有一次拿出 5000 块钱请人吃饭，你想想啊，那年头，5000 块！

黄永玉曾以见过一些好友的父母为荣，如黄裳的母亲，又如汪曾祺的父亲，"近处讲，见过汪曾祺的父亲，金丝边眼镜笑眯眯的中年人"。我在想，黄永玉是在什么时候见到汪曾祺父亲的？是在高邮还是在上海？

大概是在一九四六年还是一九四七年，黄永玉先生在文章中说他记不清楚了，总之是抗战胜利后没多久。黄永玉在《黄裳浅识》中写道："那时我在上海闵行县立中学教书，汪曾祺在上海城里头致远中学教书，每到星期六我便搭公共汽车进城到致远中学找曾祺，再一起到中兴轮船公司找黄裳。看样子他是个高级职员，很有点派头，一见柜台外站着的我们两人，关了抽屉，招呼也不用打地昂然而出，和我们就走了。曾祺几次背后和我讲，上海滩要混到这份功力，绝不是你我三年两年练得出来。我看也是。"

可以想象，两个教书匠（黄永玉的画那时尚未有大市场，据说他每个月的房租是五十元，而他发表一幅木刻画才两到五元稿费）时不时围着好友黄裳聚餐白相的场景，买单的自然是最有钱的那一位。而且这三个人至少有两个人是爱好美食的，黄永玉不大爱饮酒，茶和咖啡似乎是爱的。这样的话，爱玩、爱热闹的三条好汉的消费不会是个小数目。

"星期六整个下午直到晚上九、十点钟，星期天的一整天，那一年多时间，黄裳的日子就是这样让我们两个糟蹋掉了。还有那活生生的钱！

"我跟曾祺哪里有钱？吃饭、喝咖啡、看电影、坐出租车、电车、公共汽车，我们两个从来没有争着付钱的念头。不是不想，不是视若无睹，只是一种包含着多谢的务实态度而已。几十年回忆起来，几乎如老酒一般，那段日子真是越陈越香。"

当然，黄裳虽然收入颇高，但开支也不低。除了应付生活必需的支出，他还嗜好收集古籍以及好的文房用品，更少不了接待像黄永玉与汪曾祺这样的好友食客们。黄永玉说："他都负担得那么从容和潇洒。"

我有时在遥想这三人吃饭买单的是黄裳，点菜的会是谁？汪曾祺？我想应该是他。记得有一个趣事是讲，沈从文先生到了晚年还是渴望能再回湘西去看看。黄永玉就鼓励表叔说，等你好了咱们一起回去，雇一只船，沿沅水回湘西，你看中哪个码头咱们就停下来。沈从文提出疑问，如何解决伙食？黄永玉说咱们带上曾祺，这个他最在行了！

黄永玉比汪曾祺小四岁，但在艺术发展上，汪曾祺是早就看出了这位兄弟的才华的，就连黄永玉讲故事的本领他都颇为佩服。不信你听听黄永玉的回忆说："有时我们和黄裳三个人一起逛街，有时就我们俩，一起在马路上边走边聊。他喜欢听我讲故事，有时走着走着，因打岔，我忘了前面讲到哪里了。他说：'那我们走回去重新讲。'多有意思。"

有时候他们喝多了，从酒馆里出来，路过妖娆之地四马路，就会被"好客"的婆姨扯住往屋子里拽。有一次黄永玉就被抓住了，黄裳和汪曾祺正在聊着晚明的话题，一看黄永玉的架势禁不住爆笑开来。因此，黄永玉说他永远记得当时黄裳的开怀大笑，还有汪曾祺的"见危不救"。

我非常好奇的是，这几位在上海都会吃些什么？我在汪曾祺回忆旧人的文章中看到了朱南铣，说这个同学家里很有钱，在上海开有钱庄，在昆明时就经常请同学吃饭。到了上海，汪曾祺曾借住在朱德熙家中，朱南铣照旧请他们吃饭，"他请我们几个人在老正兴吃螃蟹喝绍兴酒。那天他和我都喝得大醉，回不了家，德熙等人把我们两人送到附近一家小旅馆睡了一夜"。

再后来读汪朗先生回忆父亲的文章《京沪之间的落魄才子》，

说爸爸在上海教书时生活惨淡，因此也没有什么记录，倒有一篇小说《星期天》记录了当时的实情：

> 我。我教三个班的国文。课余或看看电影，或到一位老作家家里坐坐，或陪一个天才画家无尽无休地逛霞飞路，说一些海阔天空，才华迸发的废话。吃了一碗加了很多辣椒的咖喱牛肉面后，就回到学校里来，在"教学楼"对面的铁皮顶木棚里批改学生的作文，写小说，直到深夜。我很喜欢这间棚子，因为只有我一个人。除了我，谁也不来。下雨天，雨点落在铁皮顶上，乒乒乓乓，很好听。听着雨声，我往往会想起一些很遥远的往事。但是我又很清楚地知道：我现在在上海。雨已经停了，分明听到一声："白糖莲心粥——！"

从文中可见，汪曾祺当时除了去作家巴金家坐坐，就是和黄永玉（天才画家）去荡马路，吃的是什么呢？一碗加了很多辣椒的咖喱牛肉面。雨后的夜里听到一声"白糖莲心粥"的叫卖声，不禁起了馋意和乡愁……

不妨再看看文中还有哪些食谱。"每年冬至，他必要把全体教职员请到后楼他的家里吃一顿'冬至夜饭'，以尽东道之谊。平常也不时请几个教员出去来一顿小吃。离学校不远，马路边上有一个泉州人摆的鱼糕米粉摊子，他经常在晚上拉我去吃一碗米粉。他知道我爱喝酒，每次总还要特地为我叫几两七宝大曲。到了星期天，他还忘不了把几个他乡作客或有家不归的单身教员拉到外面去玩玩。逛逛兆丰公园、法国公园，或到老城隍庙去走步九曲桥，坐坐茶馆，吃两块油余鱿鱼，喝一碗鸡鸭血汤。"

汪曾祺既然如此写法，说明当时他是尝过这些味道的。这一年多的时光食宿无着，吃过哪些小吃，相信一定会令他记忆深刻。另在顾村言先生的《上海之于汪曾祺到底意味着什么》文中还透露黄裳先生后来的回忆内容："黄裳且提及与汪曾祺在上海经常去三马路上的'四川味'，小店里的大曲和棒子鸡是曾祺的恩物。"现在上海还能吃到纯正的棒子鸡吗？

那段时间，黄永玉也是生活无着，朋友也不多。他在《太阳下的风景》中描述一位好友：

> 朋友中，有一个是他的学生，我们来往得密切，大家虽穷，但都各有一套蹩脚的西装穿在身上。记得他那套是白帆布的，显得颇有精神。他一边写文章一边教书，而文章又那么好，使我着迷到了极点。人也像他的文章那么洒脱，简直是浑身的巧思。于是我们从"霞飞路"来回地绕圈，话没说完，又从头绕起。和他同屋的是一个报社的夜班编辑，我就睡在那具夜里永远没有主人的铁架床上。床年久失修，中间凹得像口锅子。据我的朋友说，我窝在里面，甜蜜得像个婴儿。

那时候我们多年轻，多自负，时间和精力像希望一样永远用不完。我和他时常要提到的自然是"沈公"。我以为，最了解最敬爱他的应该是我这位朋友。如果由他写一篇有关"沈公"的文章，是再合适也没有的了。

在写作上，他文章里流动着从文表叔的血型，在文字功夫上他的用功

汪曾祺与沈从文在沈家书房

使当时大上海许多老人都十分惊叹。我真为他骄傲。所以我后来不管远走到哪里，常常用他的文章去比较我当时读到的另一些文章是不是蹩脚。

这位作家好友无疑就是汪曾祺。但此文中黄永玉却没有直接点出姓名，对此汪朗先生在回忆文中说："不过，黄永玉先生没有指明爸爸的名字，因为两个人后来的关系出现了一些变故。"

但是在 2020 年第一期的《收获》中连载的黄永玉长篇小说《无愁河的浪荡汉子》中却直接点出"曾祺"的名字，并提及"看曾祺样子讲话未必总是那么少。他耐烦听别人废话"可谓准确。

究竟是怎样的一些变故呢？时过境迁，人世沧桑，早已经失去了深究的意义。重要的倒是那些值得追溯的过往。

记得那时的汪曾祺常常给老师沈从文写信，信中常常会提到黄永玉的艺术。有一次，汪曾祺在信中提到："我想他（黄永玉）应当常跟几个真懂的前辈多谈谈，他年纪轻（方 23 岁），充满任何可以想象的辉煌希望。真有眼光的应当对他投资，我想绝不蚀本。若不相信，我可以身家作保！我从来没有对同辈人有一种想跟他有长时期关系的愿望，他是第一个。"

汪曾祺还在信中提到，想方设法请人为黄永玉的木刻版画作品写评论，当时一个个扒拉着找，美术家王逊自然是可以的，林徽因也可以，费孝通也是可以的。老舍呢，可以是可以，但不知道他愿意写否。又想到了去世的闻一多和梁宗岱都是也可以的，后来又找出几位，但又一个个排除了，真可谓用心得很。

后来读到李辉的著作《传奇黄永玉》，还有二〇一〇年发表在《文汇报》上的《黄永玉与汪曾祺》，我对于"三剑客"
的交情更生了一层敬意。文中提及他们昔日的交情："浪漫而
令人回味的友谊，却少见黄永玉直接写到汪曾祺。问他，他不
假思索，即摇头：'他在我的心里的分量太重，无法下笔。'
答得认真，也含蓄而委婉。"

"文章虽未写，汪曾祺却一直是黄永玉的话题。'我的画
只有他最懂。'谈到汪曾祺，黄永玉常爱这么说。"

不用说，黄永玉常常会念及上海的那段经历，甚至非常
感恩汪曾祺对他艺术的肯定和鼓励，黄永玉曾拜托李辉帮忙寻
找汪曾祺写给沈从文的信，后来还真给找到了。"六页稿纸，
实为同一天写的前后两封信。据信中内容推断，汪曾祺信写于
一九四七年七月。"

在此信写作近五十年后，也就是一九九七年五月，汪曾祺
因病去世。三个月后，即一九九七年八月，黄永玉在北京通州
的万荷堂修建完工。

在李辉的文章中我读到这样一个句子：

"要是汪曾祺还活着该多好！可以把他接到万荷堂多
住几天，他一定很开心！"黄永玉这样感叹。

根据李辉文章的记述：

汪曾祺与黄永玉的最后一次见面，是在 1996 年冬天。
这是黄永玉自 1989 年春天旅居香港七年后的首次返京，几
位热心人为欢迎他的归来，在东三环长虹桥附近的德式餐
厅"豪夫门啤酒"，先后举办了两次聚会。其中有一次，

由黄永玉开列名单，请来许多新老朋友，其中包括汪曾祺。

那一次，汪曾祺的脸色看上去显得更黑，想是酒多伤肝的缘故。每次聚会，他最喜饮白酒，酒过三巡，神聊兴致便愈加浓厚。那天他喝得不多，兴致似也不太高。偶尔站起来与人寒暄几句，大多时间则是安静地坐在那里。那一天的主角自然是黄永玉，他忙着与所有人握手、拥抱。走到汪曾祺面前，两人也只是寒暄几句，那种场合，他们来不及叙旧，更无从深谈。

一九五一年一月六日，黄永玉在举办个人画展时，汪曾祺曾专门写过一篇文章，题为《寄到永玉的展览会上》，发表于一九五一年一月七日的香港《大公报》副刊：

我和永玉不相见，已经不少日子了。究竟多少日子，我记不上来。永玉可能是记得的。永玉的记性真好！听说今年春夏间他在北京的时候，还在沈家说了许多我们从前在上海时的琐事，还向小龙小虎背诵过我在上海所写而没有在那里发表过的文章里的一些句子："麻大叔不姓麻，脸麻……"

我想来想去，这样的句子我好像是写过的，是一篇什么文章可一点想不起来了！因为永玉的特殊的精力充沛的神情和声调，他给这些句子灌注了本来没有的强烈的可笑的成分，小龙小虎后来还不时的忽然提起来，两个人大笑不止。在他们的大笑里，是也可以看出永玉的力量来的。

汪曾祺曾这样评论黄永玉的画作：民间的和民族的，适当

汪曾祺赠给李辉、应红伉俪的画作（李辉供图）

的装饰意味，和他所特有的爽亮、乐观、洁净的天真，一种童话似的快乐，一种不可损伤的笑声，所有的这一切在他精力充沛的笔墨中融成一气，流泻而出，造成了不可及的生动的、新鲜的、强烈的效果。永玉的画永远是永玉的画，他的画永远不是纯"职业的"画。

应该说，汪曾祺是对黄永玉的艺术和为人比较了解的一位挚友，一九五〇年他在文中写道："永玉的生活，永玉的爱憎分明的正义的良心都必然使他的画带着原有的和特有的优点作进一步的提高。他的作品的思想性会越来越强的。"

黄永玉曾多次写过这样一句话说："我一直对朋友鼓吹三样事：汪曾祺的文章、陆志庠的画、凤凰的风景。"

遥想汪曾祺在河北张家口下放时，领受任务绘画马铃薯图谱，当时就不时与黄永玉写信交流，并请他帮忙邮寄纸张和颜料。再后来，汪曾祺拿起笔重新投入到小说创作中，当时要出版一本《羊舍的夜晚》（中国少年儿童出版社），这本书的封面和插图都是黄永玉即时创作的作品。黄永玉在致黄裳的信中还提及："估计十天至十五天我还要刻一批小东西，是急活，是大师汪曾祺文集的插画。出版社来了一位女同志，女编辑，黄胄的爱人，为这事受到批评，说她抓不紧，于是昨天来了两趟，非干不可。（一九六二年十一月十四日）"

根据李辉的记录，黄永玉于二〇〇八年十二月十七日向他谈及了此事，说汪曾祺写了小说后，请他帮忙配插图："出书时，要我帮忙设计封面和配插图。我刻了一组木刻，有一幅《王全喂马》，刻得很认真，很好。一排茅屋，月光往下照，马灯往上照，古元说我刻得像魔鬼一样。"

李辉曾把黄永玉与汪曾祺后来的一些变故比喻成两人之间只是一层薄薄的窗户纸而已，恐怕不用捅自己就破了。他至今甚为后悔的是，没有拍摄两位老人在一九九六年"久别重逢、隔膜化解"聚会时的场景。

二〇一八年，汪曾祺的故乡高邮市在文游台建造了汪曾祺纪念馆，馆名是黄永玉书写的。我曾见过李辉拍摄的书写现场的照片，黄永玉先生写得很是认真，好像是写了好几条最后挑

2019 年夏，汪朗在高邮汪曾祺纪念馆介绍汪曾祺迁移至此的书房

选了一幅满意的。那一年，黄永玉先生九十四岁了。那一年，汪朗去黄家取的书法题签，自言"听他谈了一些两人当年的交往情况"，一切都随着岁月陈去了，风轻云淡，波澜不惊，留下的唯有友谊的醇香。

在汪曾祺纪念馆里有这样一句话："他是我认为全中国文章写得最好的，一直到今天都这样认为。"落款是黄永玉。

再回到黄永玉写的《黄裳浅识》："和黄裳兄多年未见，这半年见了两次。我怕他行动不便，专门买了烧卤到府上便餐，他执意迈下三楼邀我到一家馆子去享受一顿盛宴；我再到上海，兴高采烈存心请他全家到我住的著名饭店餐厅吃一顿晚饭，那顿饭的水平吃得我们面无人色，使我惭愧至今。"

我曾见过李辉拍摄的黄永玉推着坐在轮椅上的黄裳去吃饭的场景，依旧地潇洒，依旧地动人，使人会遥想当年"三剑客"在上海滩"闯荡"时的青春无忌。

张爱玲与汪曾祺"遥话"草炉饼

　　张爱玲与汪曾祺似乎并无什么实质上的交流，但是张爱玲却对汪曾祺写过的一种乡土食物颇有留意，还专门两次撰文解析。

　　张爱玲这篇《草炉饼》发表于 1989 年 9 月 25 日的《联合报》副刊，起因是看了汪曾祺的小说《八千岁》："前两年看到一篇大陆小说《八千岁》，里面写一个节俭的富翁，老是吃一种无油烧饼，叫做草炉饼。我这才恍然大悟，四五十年前的一个闷葫芦终于打破了。"

　　《八千岁》描写的是一个靠八千钱起家的米店业主，算是县城上的一个中产阶级了。但他平时的生活却很是节省，甚至有点"抠门"，因此人家说他"八千岁是一只螃蟹，有肉都在壳儿里"。

　　在汪曾祺的小说里，"八千岁的米店的左邻右舍都是制造食品的，左边是一家厨房。……右边是一家烧饼店。这家专做'草炉烧饼'。这种烧饼是一箩到底的粗面做的，做蒂子只涂很少一点油，没有什么层，因为是贴在吊炉里用一把稻草烘熟的，故名草炉烧饼，以别于在桶状的炭炉中烤出的加料插酥的'桶炉烧饼'。这种烧饼便宜，也实在，乡下人进城，爱买了当饭。几个草炉烧饼，一碗宽汤饺面，有吃有喝，就饱了"。

高邮人都有吃晚茶的习惯，晚茶的茶点也很丰富，只是"八千岁"却与别人不同，"八千岁家的晚茶，一年三百六十日，都是草炉烧饼，一人两个。……他这辈子吃了多少草炉烧饼，真是难以计数了。……他的账桌上有一个'茶壶桶'，里面焐着一壶茶叶棒子泡的颜色混浊的酽茶。吃了烧饼，渴了，就用一个特大的茶缸子，倒出一缸，咕嘟咕嘟一口气喝了下去，然后打一个很响的饱嗝"。

就是对这样的一种廉价的乡土食物，张爱玲在异国他乡起了"钩沉"的兴趣。她在文中回忆：

> 二次大战上海沦陷后天天有小贩叫卖："马……草炉饼！"吴语"买""卖"同音"马"，"炒"音"草"，所以先当是"炒炉饼"，再也没想到有专烧茅草的火炉。卖饼的歌喉嘹亮，"马"字拖得极长，下一个字拔高，末了"炉饼"二字清脆迸跳，然后突然噎住。

在战时清静的街道里，这小贩的叫卖声引起了张爱玲与姑姑的疑问："这炒炉饼不知道是什么样子。"

当时的张爱玲把它归为"贫民化食物"，连与大饼油条的"平民化食物"都不能相提并论。

> 有一天我们房客的女佣买了一块，一角蛋糕似的搁在厨房桌上的花漆桌布上。一尺阔的大圆烙饼上切下来的，不过不是薄饼，有一寸多高，上面也许略洒了点芝麻。显然不是炒年糕一样在锅里炒的，不会是"炒炉饼"。再也想不出个什么字，除非是"燥"？其实"燥炉"根本不通，

火炉还有不干燥的?

对于"草炉饼"的具体写法和做法,张爱玲都很是好奇。她说:"《八千岁》里的草炉饼是贴在炉子上烤的。这么厚的大饼绝对无法'贴烧饼'。"

这一点张爱玲应该是说对了,草炉烧饼真不是贴出来的。我老家有贴烧饼的,就是在一个大铁桶里面糊上泥巴,然后底部起火,周围贴烧饼,贴的时候手的动作一定快,快贴快收,收的时候也要快,否则就要煳了。位于底部的饼子就用一个铁夹子夹上来。这种烧饼薄而酥。

汪曾祺在另一篇文章《吴大和尚和七拳半》中也做过专门解释:

> 我们那里的烧饼分两种。一种叫作"草炉烧饼",是在砌得高高的炉里用稻草烘熟的。面粗,层少,价廉,是乡下人进城时买了充饥当饭的。一种叫做"桶炉烧饼"。用一只大木桶,里面糊了一层泥,炉底燃煤炭,烧饼贴在炉壁上烤熟。"桶炉烧饼"有碗口大,较薄而多层,饼面芝麻多,带椒盐味。如加钱,还可"插酥",即在擀烧饼时加较多的"油面",烤出,极酥软。如果自己家里拿了猪油渣和霉干菜去,做成霉干菜油渣烧饼,风味独绝。

后来我又查到,苏北如盐城市建湖县有个叫上冈的地方就特产草炉饼,说是制作这种饼时,"先要用草将炉膛烧红,温度够高的时候,贴饼师傅要用火叉拨灰,压住火苗,然后两手左右开弓将饼坯贴满炉膛,然后再将火拨起烘烤饼子"。为此我托朋友买来尝尝，发现果然很"撑饱"。由此我想到了多次去泰兴吃到的"黄桥烧饼"也是类似的制作工艺。

同时我还想到了老舍在《正红旗下》写到的"马蹄烧饼"，美食家唐鲁孙提到的北京早点驴蹄烧饼应该说都是贴着炉膛烤出来的平民食物。

在《高邮文史资料》（第九辑）里专门讲道："草炉烧饼的买主多数是苦力或农村上城的人；吃插酥烧饼的多数是吃早点的老人家、读学堂的学生、沿街店铺子里的老板和那些身份稍高的店员。"我在高邮的大街小巷搜寻很久也未见这种乡土食物，后来向高邮美食达人任俊梅奶奶打听，她说早没了，听说泰州还有一家。我查了一下，在泰州的凤城河老街南端临街有一家铺子，有家挂着"泰州草炉烧饼"招牌的店家，是泰州仅有的一家传统式样的草炉饼制作店铺，据说已经传承了上百年，烤饼的时候用的是麦秸，是否因为稻草不够用了？草炉饼传之久矣，《梦溪笔谈》中有记："炉丈八十，人入炉中，左右贴之，味香全美，乃为人间上品。"今日得以续传，虽说味道不可能如旧，但也是值得庆祝的食事，难怪就连主持人孟非都跑去尝鲜并义务做宣传。

张爱玲遥想汪曾祺所写的草炉饼仍是旧时的样式，"那里的草炉饼大概是原来的形式，较小而薄。江南的草炉饼疑是近代的新发展，因为太像中国本来没有的大蛋糕"。

只是对这种食物，张爱玲却总也没有勇气去尝一下，"我在街上碰见过一次，擦身而过，小贩臂上挽着的篮子里盖着布，掀开一角露出烙痕斑斑点点的大饼，饼面微黄，也许一叠有两三只。白布洗成了匀净的深灰色，看着有点恶心"。

直到有一天姑姑买来了一块称呼为"炒炉饼"的烧饼，"报纸托着一角大饼，我笑着撕下一小块吃了，干敷敷地吃不出什么来。也不知道我姑姑吃了没有，还是给了房客的女佣了”。

言下之意，张爱玲还是不能接受这样的味道，而且心里依然把它归为贫民阶层的充饥食物。只是对于那一声久违的“马……草炉饼”的呼声，张爱玲则是充满着耽恋和怀想，这使人想到她曾写过的另一篇有关食物的散文《谈吃与画饼充饥》。在后来另一篇《草炉饼后记》中，张爱玲还非常认真地指出插图的错误，说不应该是“双肩绊带吊着大托盘”的西方样式，而是“小贩臂上挽的篮子，也就是主妇上街买菜的菜篮”。

对于张爱玲与汪曾祺共同提到的这一味“草炉饼”，文学研究学者杨早曾有一篇专门的理论《从汪曾祺到张爱玲，一只草炉饼飘飘悠悠掉进了文学史》，值得一读。

有一次，杨早去泰州市参加里下河文学研讨会，还特地给我带了一包“草炉烧饼”，我还真吃出了稻草香的味道，连吃半个月，真是过瘾。一切事物都是在变化中的，包括一切食物的味道更是如此。因此我很赞同杨早在文中最后一句极富意蕴的总结：“文学是文学，生活是生活，大家像张爱玲那样，悬想一下旧时风情，也就罢了。”

徐城北谈汪曾祺"会做菜"

论起汪曾祺与徐城北的关系，我觉得有些微妙。根据徐城北的叙述，他先是跟着沈从文先生学习文物专业，就是进博物馆学习青铜器的鉴定，但是后来没能坚持下来，于是跟着陈半丁转学书画，再后来就转向了中国戏曲，跟着吴祖光、汪曾祺学京剧。按说徐城北是沈从文的学生，与汪曾祺是"同门"，但他撰文自称沈从文为"太老师"，后来他又转头去学戏剧，也算是拜汪曾祺为师了，从中亦看出徐城北的"谦虚好学"。

虽说既是同门，又是师徒，徐城北对这位亦师亦友且是美食家的同行并不客气，直接在书里"怼"汪先生的"杨花萝卜"："汪曾祺写文章夸耀自己家乡的小萝卜，因为是在杨花飞舞时节上市的，故称'杨花萝卜'。仅这一点，我就肯定是汪先生'编'的。江苏高邮的民众，不会如此看重'杨花飞舞'造成的意象，更不会有汪先生的审美闲情，绝不会把时令和萝卜放在一起。随后，汪先生在行文中继续'蒙'人，他说故乡小孩子经常一边吃小萝卜，一边唱着顺口溜：人之初，鼻涕拖；油炒饭，拌萝菠。"

萝菠是高邮对于萝卜的叫法，这是汪曾祺在文中的注解。徐城北先生说，汪先生这一"自按"不是白加的，它为故乡的

汪曾祺赠画给徐城北（叶稚珊供图）

小萝卜增加了经典性。"更重要的是，汪先生把这一顺口溜当成了诗，上下左右的'天地'很大，于是读者心灵上的空间也很大，也就随着汪先生的笔触去驰骋了。"

徐城北的父母都是靠一根笔杆子打天下的，一位是赫赫有名的工商业记者徐盈，一位是名声在外的民国女记者子冈。徐城北也是在沈从文的鼓励下，扛着一根笔杆子继续打天下，从而赢得了沈从文的赞扬。他的戏剧文论不用说了，美食文章更是京城一绝。我在拜读徐城北的美食著作时发现，能入他法眼的美食家不过三四位。周作人、梁实秋，好像有一次提到了香港的蔡澜。但他把心目中第三名的位置却留给了汪曾祺。

汪曾祺的《萝卜》一文发表于 1990 年，当时汪曾祺已经两次回到家乡高邮，应该说他对家乡的记忆和调查不会有差错。

来看看汪老的文章："杨花萝卜即北京的小水萝卜。因为是杨花飞舞时上市卖的，我的家乡名之曰：'杨花萝卜。'这个名称很富于季节感。我家不远的街口一家茶食店的檐下有一个岁数大的女人摆一个小摊子，卖供孩子食用的便宜的零吃。杨花萝卜下来的时候，卖萝卜。萝卜一把一把地码着。她不时用炊帚洒一点水，萝卜总是鲜红的。给她一个铜板，她就用小刀切下三四根萝卜。萝卜极脆嫩，有甜味，富水分。自离家乡后，我没有吃过这样好吃的萝卜。……"

为进一步查询高邮的"杨花"时节的传统，我在《高邮州志》里看到了这样的记录，每年立春时节，高邮当地都会在东门外举行隆重的"打春牛"仪式，而在清明时节则会将种子选好浸泡在缸里，还插上杨柳枝，以示"九尽杨花开，农活一起来"。由此可知，当地人对于杨花是很熟悉的。

当我向高邮的老教师任俊梅女士打听"杨花萝卜"时，她说："杨花萝卜太大众啦！谁都知道。杨柳花飘了，春意浓了，杨花萝卜就上市了。像胡萝卜一样粗细，鲜亮的红皮，根部是白的，萝卜缨碧绿好看。脆脆的，比苹果好吃。"她还发来春季拍摄的照片，红艳艳的外皮，碧绿的萝卜缨子，看上去就像是画出来的。

看汪朝写父亲，说她在工厂时无论谁病了，师傅和同事们必会上门探望。有一次汪朝病了同事上门来，"老头儿"开了门说了声"汪朝，找你的！"接着就钻进屋了。人家同事说老头儿架子大，为此汪朝提醒父亲下次记得和人家打招呼。"他记住了。下次我们同事来了，他不但打了招呼，还在厨房忙活半天，托出一盘蜂蜜蘸小萝卜来，削了皮，切成滚刀块儿，上面插满了牙签。结果同事们都没吃，我抱怨他，还不如削几个苹果呢，小萝卜太不值钱了。爸觉得很奇怪，说：'苹果有什么意思？这个多雅。'"

汪老这句话使我想到了沈从文说过的一句话："这个格高（说茨菇比土豆）。""老头儿"就是这么不按常理出牌，我总觉得他和萝卜的感情很近。

再来看看汪朝写的回忆，说父亲很少称赞别人的作品，"能入他法眼的不多"。但有一位作家的一篇文受到了他的表扬。"我印象里他特别赞赏过的有高晓声的《陈奂生上城》；还有一次他很兴奋地谈到莫言的《透明的红萝卜》，说黑孩眼里透明的红萝卜那种意境写得好。"后来汪朝又找出了莫言的《红高粱》，那可是莫言的代表作，电视剧、电影都反复拍摄过的，可是汪老并未表态。由此我甚至觉得汪老说莫言的小说好，是因为题材里写了红萝卜的缘故。

由此我更感觉徐城北先生低估了汪老与"杨花萝卜"的感情，从而引起了小小误解。但深读徐城北的文章会发现，他意不在此，他要表达的是，汪曾祺对于美食写法的"意象学"。"看来，介绍美食很需要先在自己心灵上形成意象，然后再生发出美文来。"徐城北后来又在文后附言说，曾有高邮读者指出当地确有"杨花萝卜"说法。为此徐城北专门说明自己的误会，"但精思之后，觉得汪先生善于抓意象的写法，确比寻常以写实手法描绘美食的文章，要高出不知多少倍"。徐城北说，他由衷佩服汪先生，"只可惜在其(汪曾祺)生前向他请教得不够仔细"。更使徐城北感到遗憾的是，他从没吃过汪曾祺做的菜，但也并不是没有机会，反倒是因为觉得机会太多了，于是就一再拖延下来，最后拖成了永久的遗憾。

但他对于汪曾祺做菜的"内幕"还是有一定了解的，他曾特作一文《汪曾祺与他的"票友菜"》，"票友者，本来是梨园绝对不敢轻视的一批人，他们懂门道，但又不完全陷进去。从这点讲，汪确实'像'，或者干脆就'是'。他习惯或总是在文化氛围中做菜。主客谈着文化上的事情，气氛已然很好了，这时汪端上自己的美食作品，请大家如同看他的小说一样赏析。这时，总是有客人发表高见，其他人轰然喝彩，然后汪自己解释，既肯定了大家的厚爱，又奇兵突出，发表一些惊人之语。再经过吃饭者的传播，汪之能做饭的名声就大啦"。

徐城北后来在《大菜小炒》里写汪曾祺做菜的生活场景，使人如临其境：

> 作为生活中的个体之人，面对同一个菜，其一生不知要潮（或吃）多少次，但每次与每次都不同。我们知道，老作家汪曾祺是善于做菜的。他是江苏高邮人，所以江苏菜他知道很多；同时抗战期间在云南度过，所以云南的菜肴（以及原料）他都饱含感情。在新时期的北京，他生活在一个怡然自得的文人圈子里，他有了闲暇，于是许多朋友在他家里都吃过他亲手炒的菜，朋友们高兴，他也高兴。但每次与每次的菜都不尽相同，因为汪素来是以创作的态度去下厨房的。

按照徐城北先生的说法，他与汪曾祺先生认识近四十年，"而且从家庭背景和个人气质上讲，和他也都是很近的。他是沈从文先生的得意弟子，沈先生和我父母半师半友的关系也延续了半个多世纪。他汪先生是一脚梨园一脚文坛的，偏偏现在的我也力求这样做"。

徐城北说他二十几岁时进入京剧团认识了汪老，《凌烟阁》《王昭君》《一匹布》等，"我当时还在自寻前途时，汪曾祺的戏犹如一道霞光，照亮了我自修编剧路的前程"。

至于汪曾祺与京剧的关系，从他给徐城北的信中可看出："我不脱离京剧，原来想继续二十七年前的旧志：跟京剧闹点别扭。但是深感闹不过它。在京剧中想要试验一点新东西，真是如同一拳打在城墙上！你年轻，有力气，来日方长，想能跟它摔一阵跤。"

后来，汪朗先生在文中引录这段话的同时也提及："爸爸曾寄予厚望的徐城北，没过多久也让京剧摔出了跤场。"徐城北先生认为，此话也对也不（完全）对。"说对，是因为早就离开了京剧编辑生产的第一线；说不（完全）对，是我转换了一个方向去展现我对京剧的研究。我曾请汪先生给我一本谈京剧文化的书写序，他在序言中一方面说我干京剧是'自投罗网'，同时也认可我对梅兰芳文化现象的研究，'我以为是深刻的，独到的'。"最终徐城北以完成"梅兰芳三部曲"为证，自称"也算是完成了汪曾祺一个心愿"。

对于汪曾祺先生的一生经历，徐城北颇为关注，他发现汪曾祺自从去了一趟湖南桃源后，似乎开始把专业从京剧转到文学上去了："（汪曾祺）写了一首让他自己都十分感动的诗：'红桃曾照秦时月，黄菊重开陶令花。大乱十年成一梦，与君安坐吃擂茶。'大约从此时起，他和京剧的缘分告一段落，则把经历和兴趣又转回到文学上去了。"

对于汪曾祺与酒的关系，徐城北也自有他的见解："按照汪的老朋友林斤澜的说法：'要是没有酒的力量，就没有汪曾祺这二十年的作品。'初觉得未必，后来想想，或许也对。

汪确实是离不开酒（与烟）的，因为有了它们，他的文章及小说才如此漂亮；因为有了它们，他的绘画才如此超脱。记得20世纪90年代初期，我随他一起在《大连日报》举行的笔会上，亲眼看见他晚饭上就喝了不少酒，一小时后，笔会主办方又拉他写字绘画，告诉他'有特好的酒'，他果真就去了。他拉我陪同一起去，我当然遵命。他右手拿笔，左手忽而插在裤子口袋里，忽而又拿起画案上边的一个酒杯。两个小时后，满满一瓶子名牌白酒基本下去了，他也画了二十多张画。我站在他身后，眼看着左一杯接着右一杯；同时也看见左一张接着右一张。幸亏我手疾眼快，把这二十张中最好的两三张截留给自己了。我从没看见过汪先生也如此喝酒，也是头一回看见汪是如此不节制地喝酒，于是从此之后，我就信服了林斤澜的那句话：'汪的文章是靠酒泡出来的。'但事情又得反过来想，如果一切从长计议，让汪少喝些酒，使得创作生涯再长一些，让他潜心在园林书画中（其实就是在类似《红楼梦》的结构当中），多多玩味几年，说不定在其晚年就真能把这些零散的短篇又重新搭建出一个典雅富丽而又充满风土气息的长篇的！然而一切都是命，命运只让汪零散'玩着'写短篇，他在这些短篇中集中显现了自己，这样他也就完成了自己，不虚到人间跑了这一趟。"

看汪曾祺在一九九二年一月致信徐城北："今年大年初一立春，是'岁交春'，据说是大吉大利的。语云：'千年难逢龙华会，万年难遇岁交春。'那天你可以吃一顿春饼。"

不知道徐城北那天吃没吃春饼？不过我看他特别喜欢汪曾祺的画作，还用在了自己的著作里，图中画的是一个高高的大花瓶，又以浓墨写枝干，从瓶口"斜倚"出两束梅花，还有两个可爱的毛绒小鸟，题跋是：城北稚珊平平安安。稚珊是徐城北的夫人，也是一位有成就的女作家。

徐城北后来写道："当年，是我心气正盛的时候，对这'平平安安'四字有些不以为然。现在年纪大了些，身体也开始出毛病，反倒觉得这四个字其中意味深长，人生能够平安就好！"

与苏北聊汪曾祺吃饭习惯

趁着苏北兄来苏州讲座的时机，我接连向他采访有关汪曾祺吃饭习惯的情况。"天下第一汪迷"果然出言不同，而且还颇富有总结陈词的意蕴。虽然言谈中并未透露多少具体食谱，但我发现，在苏北的著作中早已经有了具体的答案。

那天，我与妻陪同苏北与夫人在干将东路南顾亭酒家品尝苏式点心，旁边有民国"七君子桥"，东为原为东吴大学的苏大校园，窗外是安静的小河。上菜时，我说苏北有福气，来苏州正好赶上鸡头米上市。妻特地点了每人一份的糖水桂花鸡头米，白莹莹的鸡头米鲜嫩极了，在泛着桂花香的汤水里静静地卧成一团，一股淡淡的清香从热气中飘然而至。我记得第二天我们又品尝到了即将下市的糟卤大面，其中有糟毛豆、糟鸭胗、糟鹅等，面汤也是散发着酒酿香味的糟卤味。须知，"不时不食"正是苏州味道的精髓所在。

文学"蹭饭"

吃饭时，问及苏北去汪曾祺家"蹭饭"的经历。苏北兄实话实说：反正有时候到点了，老爷子就说吃饭吧。就在家里吃饭，一般是吃面多一些，吃面方便，还说老头儿做炸酱面特别好吃。

具体到吃了什么菜肴，苏北说，那时候没有手机，也没有这个意识，总觉得老头子会活到100岁，因此也不会刻意记住今天吃了什么，有时候回去也会记上几句话，但也不多。

提及汪曾祺家里吃饭时的习惯，苏北举了一个例子，说有一次汪朗回高邮，当时就有记者采访他说，汪老会不会在吃饭的时候教育你们啊？就是趁着吃饭时训话。汪朗就反问记者，累不累啊？吃饭就是吃饭，哪有那么多事儿！其实汪老在家也是这样的，吃饭全凭自己随意，他自己倒上酒就喝，有时喝一大口酒，

作家苏北与汪曾祺（苏北供图）

就一颗花生米，或是一个炒螺蛳。反正好酒不少，白酒、红酒，他喜欢喝白酒。记得那天晚上饭后我送苏北回住处，我们在巷子里穿行着，苏北突然冒出了一句话说，现在来看我们还忽略了一点，汪老身上的一点，现代性。我们谈到了汪曾祺在爱荷华写作营时的尽情释放，谈到了汪曾祺一见如故的坦诚。谈到这一点，使我就想到了汪曾祺在家中吃饭一定是随意的，不按传统规矩来的，不会是长辈先动筷子，也不会是晚辈要给长辈添饭。人与人之间相处的最佳境界一定是随意，他不要求别人什么，因为要求就是一种负担，同时给了自己一个负担。

或许是因为身处苏州，苏北忽然想到了一个故事，就是汪曾祺和陆文夫之间的交往。我在高邮汪曾祺纪念馆里看到过陆文夫对汪曾祺的评论："汪曾祺不仅嗜酒，而且懂菜，他是一个真正的美食家，因为他除会吃之外还会做。"苏北说陆文夫

到了北京后，一直想吃汪曾祺做的菜。可是汪曾祺今天回复说买不到活鱼，明天还是回复说买不到活鱼。他不说不请，他就说这个理由，这就很有意思了。陆文夫感觉老头太不够意思了，心说你到江苏去我们都好吃好喝地招待好你，结果你老说买不到活鱼。苏北给我复述这个故事的时候，乐呵得不行。

这件事使我想到了张守仁先生撰写的有关邓友梅与汪曾祺的一件事：

坐在我身边的友梅告诉我："汪曾祺曾送给我一幅画，画中夹着一个字条：上写'你结婚大喜我没送礼，送别的难免俗，乱涂一画权作为贺礼。画虽不好，用料却奇特。你猜猜梅花是用什么颜料点的？猜对了，我请吃冰糖肘子……'"

这件事好玩的地方不是说最后的颜料材质（牙膏），而是猜对后的奖品是"冰糖肘子"，就冲着这道菜我想邓先生也值得去好好猜猜。

在苏北的《汪曾祺闲话》一书中，我看到了一些具体的食谱，但那都是寻常的，普通的，只是背后的故事却又是耐人寻味的。一九九三年十一月三日，苏北同好友龙冬、央珍到汪曾祺家，晚饭记录："小菜有高邮的双黄鸭蛋、美国腰果。主菜是炖肉。主食是牛肉馅饼。喝的是剑南春。"

一九九三年十二月四日，"下午5点同龙冬到汪先生家。苏州的徐卓人也在。之后汪朗、汪朝回。晚上在汪先生家吃晚饭，菜不多，记得有煮干丝、咖喱牛肉。喝的倒是洋酒：人头马和白兰地。吃到干丝和咖喱牛肉，真正感到纯正地道的汪氏菜肴的味道了"。

　　这次吃饭时，汪先生对苏北等人谈到了写作问题，说"文体就是文章体现什么"，并说一个作家要有自信，说苏北缺少这一点。当时汪朝插话："这是一个狂老头！"从这些记录中，我们基本上可以看出汪曾祺吃饭谈什么了，写作是他的生命，三句话不离本行。当然，这些都是随口说的闲话，与讲课是截然不同的。

　　说到吃饭时的谈话，苏北还曾转述过作家龙冬记录的一段话，说是一九九六年的一个晚上，龙冬、苏北和几个作家等人在汪家吃晚饭，饭中喝了不少酒。汪老的身体不好，苏北就劝说他："汪老，能写就写，身体重要，我要是能写出您那样的书，哪怕一本也够了。""汪老开始不作声，静了一会儿，忽然非常生气，激动地拍了桌子，说：'我活着就要写！'又说：'写作，写作是我生命的一部分，甚至全部！'"

　　这样的饭时细节是少人知道的，也是特别与众不同的，更是研究汪曾祺创作经历必须了解的。

那些文学酒事

　　一九九三年十二月十八日，苏北在汪曾祺家喝了一种特别的酒，是湖南吉首出品的，黄永玉设计的酒瓶——"酒鬼酒"。苏北至今还记得那种酒的美味，说酒瓶好看得很。由此我们也谈到了汪曾祺与黄永玉的交情，两人因为时代关系曾出现了不快，但彼此还是向往着曾经的赤诚。说到此，我提到了汪曾祺书房里挂的一幅画，我说看上去像是斯大林。苏北说，不是，是高尔基，很多人都误会是斯大林；还说到这幅画就是黄永玉的版画。汪老一直挂在书房里。

　　说到酒事，苏北还有一个记录，一九九七年五月九日，苏北带着孩子去看汪曾祺，去的时候特地带了一竹筒云南傈僳族米酒。当时汪先生还逗苏北的孩子玩，说小孩名字"陈浅"取得好玩，像个笔名。接着又说他要去太湖三县走走，当地人邀请了他。晚上自然是在汪家吃饭，苏北提议喝米酒。汪先生说不喝，留着，又让苏北一个人喝五粮液，他自己则喝葡萄酒。那时候汪先生应该是属于"戒酒期"，不宜喝高度酒。七天后，汪曾祺先生在北京因病去世。那次喝酒，是苏北与汪曾祺的最后一次对酌。根据苏北的记述，一九九七年五月二十日，正在湖南凤凰行走的他打电话给好友龙冬，"他却告诉我，汪先生去世了"。

　　汪曾祺来往的文友很多，因此有趣的酒事也不少。有一次，几个年轻的文友提前"算计"好了，说今天去汪家一定要汪老把那瓶威士忌洋酒拿出来喝。于是他们到了汪家先喝白酒，喝完了就起哄要喝洋酒，汪曾祺本就是爽快人，很快就摸出了法国威士忌，全是法文，正宗的洋酒。洋酒要兑水喝，大家也不知道具体要兑多少水，反正就各自根据感觉兑水。后来汪夫人怕老头儿喝多了，当即"喝令"，据说"喝令"就是呼叫"曾祺"二字。汪先生自然明白，但还是陪着年轻人喝。大家喝高了又玩起沙龙游戏，说喝洋酒就应该是"沙龙范儿"。

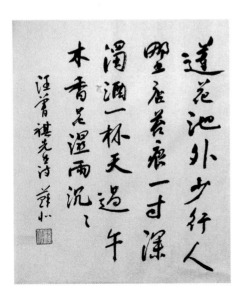

作家苏北书写的书法，内容为汪曾祺的诗作

还有一次，南方的文友第一次上门到汪家做客。头次见面，汪曾祺就拿出了茅台酒，对方显然不太好意思，推脱不喝。汪曾祺不依，并且自称中午喝过一场了，言下之意：您多喝点，要尽兴。后来两人对饮，不觉半瓶下去了，汪夫人及时制止老头儿才算暂停。但是在后来见面时，汪曾祺对那位文友说那半瓶茅台酒还在家里等着他呢。

旺鸡蛋与拌海蜇

苏北书中还记录了一件事，一九九三年十二月二十八日，他同谢芸去汪曾祺家，老远就闻到了一股怪怪的味道。师母施松卿说老头儿在煮豆汁儿，还说"我们一家子都反对，你去闻闻，又臭又酸"。汪老头儿说："我就吃。"又说："梅兰芳那么有钱，还吃豆汁儿呢！"我记得汪曾祺多次写过北京小吃豆汁儿，还专门写过梅兰芳每天特地叫人去打豆汁的故事。

苏北去汪家吃饭，也常常会带着家乡的特产给汪曾祺尝鲜。有一次，他带着老家的风鹅送给汪先生，汪先生吃了赞不绝口。后来他又带着天长老家的"忘蛋"（有些地方写作"旺蛋"），也就是汪曾祺在《鸡鸭名家》里写到的"巧蛋""拙蛋"，即小鸡没孵出来的一种鸡蛋。

我记得在南京工作时常见同事们去吃这种旺鸡蛋，又称"活珠子"，为南京六合著名的特产。具体解释就是：当鸡蛋即将孵成一个生命但是又没有完全成形，蛋里面已经有了头、翅膀、脚的痕迹，这种亦鸡亦蛋的鸡蛋孵化物叫作"活珠子"。一般认为，孵化了十二天左右的可以称为"活珠子"。每当下班时或是夜幕降临时，在新街口一隅、夫子庙街边或是公交站台旁边，都能看到这种"活珠子"的摊点，一个小炉子上，锅子里堆着"活珠子"，冒着热气，旁边摆着小桌凳，桌上有小碟子，吃这种东西只需要一种作料，就是椒盐。不知道为什么，我总也下不了口，因此至今我还不知道那是一种什么味道。

听苏北说，汪曾祺倒是吃得津津有味，还说几十年不见这样的东西了。又看苏北写道："只是'忘蛋'要会做才行。忘蛋剥开洗净，已变成小鸡出毛的，要煺绒毛，放咸肉片和大蒜叶红烧。"

在苏北的文章中还提到一事，说一九九一年，他和爱人去汪曾祺家吃饭，饭后，苏北爱人说老头儿拌的海蜇皮真好吃，放了很多的蒜花，脆、爽口、清淡不腻，实在好吃！很多年后还惦记着这道凉菜。

红烧大排与百叶结

与苏北聊汪曾祺吃饭的事，苏北突然想到了汪曾祺的邻居，一位爱好美食的女士。这位女士叫杨乔，苏北连夸杨女士的文章写得好，写过一篇《我的邻居汪曾祺》，实在是写得好。我赶紧找来看看，不由得暗自竖起大拇指，心说这才是高手在民间，专业的作家是写不出这样好文章的。文章较长，发表在《经济日报》上的。这位杨女士与汪朗先生是同事，因此报社分房子正好在一个楼层。杨女士说："早在十四年前，我就认识汪老了。"那时候她读到了汪曾祺的一篇小说《黄油烙饼》，"看后很难过，也很压抑。……我特别喜欢看汪老的书。去书店时，只要见到有汪老的书，必买"。

杨女士一直想认识一下汪曾祺，但却总也没有机会。"汪朗善解人意，刚搬新居不久，汪朗就托我将报社发的 5 斤鸡蛋给他父母送去，我说：我不敢。汪朗咧着嘴慢悠悠地笑着说：这不是找个由头让你去见见老爷子嘛！"就这样，杨乔送了几次鸡蛋后就认识了汪曾祺，并获得汪曾祺的画作，当然更重要的是要向汪先生请教美食之道。

有一次，杨乔向汪曾祺请教制作大排的诀窍，汪曾祺的方法是："大排在红烧之前要先用酱油、葱段、姜片腌上一个小时，味就进去了。"

杨乔问完就准备上班了，汪先生说我给你置办了腌好，这样你下班就可以直接烧了。杨乔当然不好意思请汪先生动手，等她下班时，汪先生将事先用黄酒泡的干贝，让保姆给她送家来了。汪先生说，烧大排再加点黄酒干贝，更鲜。

吃了汪先生给的美味，杨女士也不忘回馈，她挖了新鲜的灰灰菜，赶紧洗净给汪先生送去。汪曾祺大声说："这是好东西，裹面蒸，好吃！"后来杨女士还给汪先生送了炒螺蛳，看着老头儿坐在客厅沙发上用牙签一个个挑着吃，像个孩子似的。杨女士回家对老公说："以后到老先生家，最好带个相机，随时都有好照片。"

一来二去的，杨女士与汪老就熟了，有时汪老就提前对杨女士说："今晚少做点菜，我给你们做了两道菜。"

有一次，杨女士与先生去汪家看望病中的施松卿，汪先生正在画画，杨女士指着其中一幅荷花图说："这幅好，有生命。"汪曾祺就把那幅画送给了杨女士，还专门题款："芳邻小杨玩。"

如此风雅相邻的日子悠悠地过去。

直到一九九七年五月的一个星期天，杨女士与老公一早外出，只见汪先生"他穿着浅灰色的西装，笔挺；一双新的黄色皮凉鞋，很精神的样子"。后来知道，中国作协为纪念香港回归搞个活动，邀请汪先生参加。后来杨女士与汪先生又在街上遇见了，疑问怎么这么早结束了。汪先生不好意思地笑着说："记错了，是明天。"

"明天，他再也去不了！"

就在当晚10点半，汪曾祺突然吐血住进医院，就再也没能回到他深爱的家。

杨乔女士写道，在汪先生初入院的几天，她没去探望，主要是怕打扰了老人休息。"那几天，我做饭，煎鸡蛋，一连几个都是双黄蛋，这是从前未有过的事情。我同老公都十分高兴，认为这是个好兆头。"

我想，汪曾祺在晚年能够遇到这么好的邻居是一种福分，有着共同的爱好，又有着同样的互相理解和关心的热心肠，各自保持着良好的距离，又是每天相互闻到锅香的好邻居。杨乔女士作为一位读者，能够与心仪的作家为邻，应该说也是一种福分。因此，杨乔女士在文中这样描写她接受汪曾祺赠菜时的感受：

> 6点半左右，小阿姨小陈把老先生做的菜送过来了，一道叫百叶结，我以为是牛百叶，实际是用质量较好的东北豆腐皮代替牛百叶，一个一个地打上结，用肉汤煮，放小虾米和笋丝，清淡、味美。另一道菜是麻豆腐，是等我回来后才炒的：用羊油、加麻豆腐和青豆。麻豆腐我吃不来，但是，能吃到77高龄的汪老为我们安排的菜，不能不说是我这个邻居的独有福分。

附：

父爱在厨房

我一直想寻找汪曾祺吃饭时会与家人谈些什么，偶然读到汪曾祺之女汪朝女士的一篇文章——《怀念父亲》。这篇文章应该是写于二〇〇七年，即汪曾祺先生去世十周年之际。我看到的此文是发表在了故宫出版社出版的《汪曾祺书画》一书后记部分，现摘取其中一段有关食物的内容，从中可见汪曾祺在家中与子女相处时的生活场景，以及他的擅长美食对于子女的深刻影响：

　　父亲表达父爱的方式就是给我们做好吃的，然后看着我们吃。我们爱吃什么他都知道。父亲是自己买菜的，这样他在买菜的路上就可以筹划着怎么做，不过他还是经常要征求我们的意见，时常拎着一块肉到屋里来问："买了一块牛肉，怎么做，清炖还是红烧？"我们漫不经心地看看那块肉，发号施令："清炖吧。"父亲就兴冲冲地回厨房做菜去了。有时正写着文章，他会忽然起身去给晾在阳台上的小平鱼翻个面。父亲做菜是有一定之规的，他做的菜不能太"平庸"，得有一些说法，倒不是多讲究，但必须有特点。他常在饭桌上很有兴致地给我们讲各地不同的风味特色，我却只顾大快朵颐，将那些食文化抛诸脑后。不过，在他的影响下，我们什么都吃，乐于尝试任何稀奇古怪的东西，从不挑食。前些时候我和同事一起去吃寿司，回想起多年前，父亲曾用紫菜和米饭、肉松、海米、榨菜、黄瓜丝给我做过这东西，味道清鲜，比起店里的寿司强多了。

我才痛感到，原来我们吃过那么多美味的富于意蕴的食物。

现在，也只有我哥哥汪朗对父亲美食家的声誉还有所传承。

豆汁儿与盐粉豆

到北京应该吃什么？按照"老北京"方继孝先生的说法，目前最正宗的京味恐怕要数豆汁儿。于是就此话题又勾起我对豆汁儿的好奇心，同时我还想着好好尝试另外一些老北京小吃，如汪曾祺著作里的面茶、门钉肉饼、豌豆黄之类的，当然也少不了他在青春期时于江南尝到一味粉盐豆……

豆汁儿

恐怕到北京的外地人都会被当地朋友问及，敢不敢喝豆汁儿？数年前，我就尝试过，实话说，不好喝，但不等于说我不想喝。这次趁着方继孝说的热乎劲儿，我和妻毫不犹豫地又去尝试了，或许是因为有了心理准备，慢慢喝，不要品，就抱着喝酸奶的心态，也就慢慢喝完了。喝完也没觉得反胃，也没有什么不舒服的。由此可见，饮食也是一门心理学。

由此我想到汪曾祺早时候到北京喝豆汁儿的情景，当时的老同学问他："你敢不敢喝豆汁儿？"汪曾祺很幽默地说：

我是个"有毛的不吃掸子，有腿的不吃板凳，大荤不吃死人，小荤不吃苍蝇"的，喝豆汁儿，有什么不"敢"？

他带我去到一家小吃店，要了两碗，警告我说："喝不了，就别喝。有很多人喝了一口就吐了。"我端起碗来，几口就喝完了。我那同学问："怎么样？"我说："再来一碗。"

我能够隔着时空想象着汪曾祺在喝完豆汁儿之后的那种得意劲头。对于这样一位热爱尝鲜的美食家来说，一点酸味，一点臭味，或者一点异味是没法难倒他的。有人说，像汪曾祺这样一位南方人，怎么后来就成了京派小说家。我想这与汪曾祺先生的口味庞杂是紧密分不开的，我甚至能够想到，如果当年汪曾祺在云南落户了，那么西南文学界一定会诞生一颗耀眼的文学明星，边疆文学一定会有所拓展和延伸。

汪曾祺先生就是这样一位言行一致的作家，会吃会做又会融合创新。

说到喝豆汁儿，我的秘诀是趁热喝，大口喝，喝时想象着它是一种久远的美食，必要时衬点佐餐的小菜。我所看到的北京人吃法大多是豆汁儿配焦圈儿。看汪曾祺也写过，熬豆汁儿要用小火熬着，火大了，豆汁儿一翻大泡，就"澥"了，并说喝豆汁儿必配辣咸菜丝。就这种咸菜丝，我以为就是老家的芥菜疙瘩切丝腌制后的产品，只不过它是被放入辣椒油炒制过了的。

汪曾祺能吃各种异味，我以为和他家乡的小吃是不无关系的。他在《五味》里写道：

除豆腐干外，面筋、百叶（千张）皆可臭。蔬菜里的莴苣、冬瓜、豇豆皆可臭。冬笋的老根咬不动，切下来随手就扔进臭坛子里。——我们那里很多人家都有个臭坛子，一坛子"臭卤"。腌芥菜挤下的汁放几天即成"臭卤"。臭物中最特殊的是臭苋菜秆。苋菜长老了，主茎可粗如拇指，高三四尺，截成二寸许小段，入臭坛。臭熟后，外皮是硬的，里面的芯成果冻状。嚼住一头，一吸，芯肉即入口中。这是佐粥的无上妙品。我们那里叫作"苋菜秸子"，湖南人谓之"苋菜咕"，因为吸起来"咕"的一声。

想一想，汪老在这样"臭卤"乡土菜环境中熏陶出来的，还有什么腐酸味是不能承受的？

与此同时，汪曾祺的口味博杂，也与他常常四处游走紧密相关，小学上完就去了江阴上中学，后来大学跑到了云南去，再后来到上海、北京等，使得他对各地饮食文化接受得非常迅速。他说豆汁儿这玩意儿喝多了会上瘾，还说梅兰芳全家都上瘾了。这话使我想到现代人吃榴梿，不吃的时候真是嫌臭，嫌弃其异味，可是一旦"染"上了就会上瘾，我儿子七八岁就吃上瘾了，我看到有猫也爱吃榴梿。

汪曾祺还有一个天生的本领——创新地方菜，譬如豆汁儿这味小吃，他说豆汁儿沉底了就是麻豆腐："羊尾巴油炒麻豆腐，加几个青豆嘴儿（刚出芽的青豆），极香。这家这天炒麻豆腐，煮饭时得多量一碗米，——每人的胃口都开了。"

哪天我得买点豆汁儿回去试试这道菜，人间滋味丰富无限，但前提是你得先放下成见，敢于去尝试一番才行。

面茶

一想到面茶，我首先想到了的是家乡的炒面。新麦下来，想改善改善，不想走寻常路，尤其是阴天下雨不想弄菜了，就炒面。把新磨的面粉拿出来，在铁锅里文火慢炒，要勤翻炒，而且要有一个人帮着守灶门控制火候，否则火大了就会炒煳。面粉炒熟，微黄，喷香，放半碗再放点白糖或盐粒（咸甜看个人口味），拿开水慢慢倾倒，然后用筷子不停搅拌，要稀稠正好，搅拌得像是糨糊似的，最后入口细腻，有一股焦香味，就像是刚打磨出来的咖啡豆香气。吃完了拿开水

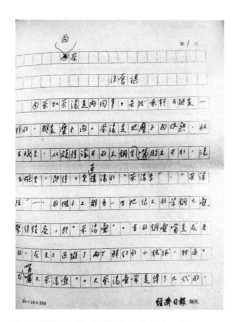

汪曾祺手写文稿《面茶》（苏北供图）

一荡，把开水喝了，这就算是一顿新饭了。

但面茶不一样，面茶一看就不是面粉做的。看汪曾祺的推测说，面茶和茶汤可能是同一种原料，就是糜子面。糜子是什么呢？就是一种类似高粱的小黄米，学名应该叫黍，淡黄色。有人可能说，不就是小米吗？真不是，小米比它颜色更黄一些，颗粒也比它稍小一点。在我们那里，小米一般是给坐月子的人吃的，或者是喂刚孵出十几天的小鸡吃的，以盼着小鸡早点长大多下蛋。

"面茶是糊糊状，颜色嫩黄，盛满一碗，撒芝麻盐，以手托碗，转着圈儿喝——会喝茶汤的不使勺筷，都是转着碗喝。"

去北京多次，怎么就没有发现面茶呢？妻一直在自问，因

为她觉得面茶太好喝了。感谢汪曾祺先生，让我对面茶起了好奇心。因为在我老家，也有一种食物类似面茶，而且老手喝的时候也不用勺筷，就是转着碗圈儿喝，最后还能喝得干干净净。看过我前面文章的都会知道，那就是麻糊汤。

面茶看上去有点微黄，就像是炒制后的米粉，但要比米粉更黄一些，且细腻度不减。汪曾祺说，熬制面茶的锅是铜锅，是专用的"面茶锅"。我想那可能就是一种不粘锅。

我和妻接连去了两家北京小吃店的面茶是一样的，放芝麻酱调味，细腻柔滑的面茶上糊着一层芝麻酱。只是我却没有本领转着碗喝，只能借助小铝勺解馋。那是一种别样的京味儿。但我还是好奇汪曾祺说的另一味面茶，撒芝麻盐的，黑白芝麻掺着盐炒会非常香。这种面茶使我想到了湖南的擂茶，汪曾祺在《湘行二记》中有细致描述。我曾喝过朋友调制的擂茶，就是茶叶、老姜片（腌制后）、熟芝麻、花生、炒米、盐等，一起捣碎，用开水冲泡，老远就能闻到一股民间手艺的香味。这又使我想到了在天津、北京喝到的龙嘴茶汤，茶汤里可以加入核桃仁、青梅、葡萄仁、瓜子仁、青红丝等等，如此丰富，如此可堪期待。

写到这里，我想到了一个不好笑的笑话：做茶的朋友问在老家的我，你们那里有什么茶吗？答曰：有啊，油茶——一种加入了豆腐皮、花生仁、淀粉、海带丝、面筋、粉丝、葱、姜等熬制的咸粥。

"午梦初醒热面茶，干姜麻酱总须加。"有人说，面茶就是老北京的下午茶，其实中国小吃自有中国吃法，又何必拘泥于洋人的下午茶？我以为面茶就门钉肉饼，那是我的京味一绝。

粉盐豆

一九三五年的夏天，汪曾祺迎来了他人生的新的阶段。他从家乡高邮考取江阴南菁中学，那一年，他十五岁。

在江阴，汪曾祺深深为一种乡土食味所着迷，那就是粉盐豆：

> 江阴出粉盐豆。不知怎么能把黄豆发得那样大，长可半寸，盐炒，豆不收缩，皮色发白，极酥松，一嚼即成细粉，故名粉盐豆。味甚隽，远胜花生米。吃粉盐豆，喝白花酒，很相配。我那时还不怎么会喝酒，只是喝白开水。星期天，坐在自修室里，喝水，吃豆，读李清照、辛弃疾词，别是一番滋味。我在江阴南菁中学读过两年，星期天多半是这样消磨过去的。

或许是受了江阴粉盐豆的启发，后来三年严重困难时期，汪曾祺用特别照顾下发的几斤黄豆，加上一点口蘑，做成了口蘑豆给黄永玉家送去。黄永玉的儿子黑蛮在日记里描述汪曾祺把黄豆做得很好吃"很伟大"。

只是后来汪曾祺再去江阴旧地寻找粉盐豆时，此味小吃已经不见踪影。现如今，这种乡土的食物又开始回潮了，并列入了非物质文化遗产。但是味道如何，恐怕早已经不复旧味。

这次在北京做读书活动时，杨早兄特别带来一本汪曾祺早年出版的《知味集》，小小一本旧书，却是汪老编撰美食文章的一个特别阶段。

在集子的序言里有几个段落颇值得深思：

"人莫不饮食也，鲜能知味也"。知味实不容易，说味就更难。

……

再有，就是使人有"今日始知身孤寒"之感。我们的作家大都还是寒士。鲥鱼卖到一斤百元以上，北京较大的甲鱼七十元一斤，作家，谁吃得起？名贵的东西，已经成了走门子行贿的手段。买的人不吃，吃的人不买。而这些受贿者又只吃而不懂吃，瞎吃一通，或懂吃又不会写。于是，作家就只能写豆腐。

……

汪老还提及一个普遍的问题，那就是"什么什么菜不是从前那个味儿了"，还有就是很多菜都"没有以前的材料"了。

想想也是，小时候物资匮乏，但是一盘炒黄豆就是一盘菜，因为那是金黄色粒粒饱满的货真价实的天然无污染的黄豆，炒豆子的时候满屋子、满院子都是豆香味。我记得小时候常常跟着大人下田地去捉豆虫（这次读书会上还有人说是高蛋白食物），捉回来的肥肚子豆虫拿去喂鸡喂鸭子，生出来的蛋都是香的。黄豆不打农药，一是成本高；二是怕伤了豆子；三是虫子还能喂饱鸡鸭。上的肥料是猪粪、牛粪、人粪，而不是什么化学肥料。那种豆子拿来炒、腌、酱、熏等或是制作豆腐、腐竹、绿豆饼等都是上好的原材料，是真正的豆香味。现在很多人怀念小时候的味道，说到底还是怀念这种淳朴自然的乡土味道。

我查了一下资料，江阴的粉盐豆用的就是上好的黄豆，此地在清代和民国时曾盛产一种"华士酱油"（又称"鼎国酱油"），就是因为有上好的黄豆，故色泽浓赤，酱香醇厚，味鲜可口，久存不坏，曾远销内地边疆。以黄豆浸水泡胖了，然后晒干，以白砂糖炒制，再以粉（米粉、面粉未知）和盐水拌炒，炒出来之后黄豆外一层盐霜，看上去很好看，吃起来也是脆鲜有味，佐茶，尤其是佐酒再合适不过了。那种滋味使我想到了高邮的"沙蚕豆"味道。

汪曾祺对于江阴的怀旧味道并不止粉盐豆一种，还有水果香：

> 江阴有几家水果店，……最突出的是香蕉的甜香。这香味不是时有时无，时浓时淡，一阵一阵的，而是从早到晚都是这么香，一种长在的、永恒的香。香透肺腑，令人欲醉。我后来到过很多地方，走进过很多水果店，都没有这家水果店的浓厚的果香。这家水果店的香味使我常常想起，永远不忘。
>
> 那年我正在恋爱，初恋。

那一年，汪曾祺应该是十七岁。

汪老晚年时写到，说在他高三时江阴沦陷，遂往淮安、盐城辗转"借读"，后来汪曾祺还曾到过江阴希望重寻旧梦，"缘悭未值"。他无限感慨地说："我这辈子大概不会有机会再到江阴了。"当然更无缘再尝一尝纯正的粉盐豆了。

但是在一九九七年，也就是汪老去世的那一年，他特地送给母校江阴南菁中学一百一十五周年校庆一首诗：

> 君山山上望江楼，鹅鼻嘴前黄叶稠。
> 最是缴墩逢急雨，梅花入梦水悠悠。

茶食余味

汪曾祺谈茶食

前段时间我因为跟着朋友做茶叶，想过茶叶与菜肴的结合。其实在此之前，已经有不少茶叶菜式，如碧螺虾仁、龙井虾仁、蚕豆铁观音、抹茶凉粉等。

湖南的擂茶，我觉得已经不是茶了，更像是一道小吃。近期还有朋友想把茶叶运用到西餐当中，其实烹鱼类、肉类不妨都与茶叶试试搭界，只是切记一点：茶叶只是配角。

汪曾祺曾写过："茶可入馔，制为食品。……裘盛戎曾用龙井茶包饺子，可谓别出心裁。"由日本人的茶粥，汪老生出灵感，他曾用粗茶叶煎汁，加大米熬粥，自以为这便是"茶粥"了。汪老的这招使我想到了儿子最爱的皮蛋瘦肉粥，每次我都想放一小撮茶叶进去，肯定会有淡淡茶香，并可提供茶多酚。

但对于乱做茶肴，汪老也很反对："四川的樟茶鸭子乃以柏树枝、樟树叶及茶叶为熏料，吃起来有茶香而无茶味。曾吃过一块龙井茶心的巧克力，这简直是恶作剧！用上海人的话说：巧克力与龙井茶实在完全'弗搭界'。"

这里我倒可供上一招，茶叶炸鱼。以罐头瓶拴棍没水中，罐口小半入泥，罐内置白馒头三两小块，诱鱼入罐而不得出，不一时可得十几条小鱼，曰"窜条"，即长条鱼。小鱼去腹内杂物，洗净拌面糊。茶叶以炒青为好，浸泡后入面糊与鱼共油炸，炸制焦黄为宜。此时鱼肉很脆，且有茶香，茶叶亦酥，可与之共食，不浪费丝毫。

烹调荤菜海鲜，茶叶去腥，真天然妙品。

蒸菜话花样

前段时间与久违的好友商中尧君在常熟聚会，几天前他就说要请我吃正宗常熟蒸菜，还说是大厨亲自烹制的蒸菜，真使我受宠若惊，同时更充满着期待。

早些年老家父母来，商君请客于得意楼蒸菜馆，已经算是尝鲜了常熟正宗蒸菜。当时就觉得蒸菜的工艺像是一把锁，锁住了食物的原汁原味，且相对含油量较低，对于"惧油一族"很是适合。

这次选择的蒸菜馆名头很大，名曰"常熟蒸菜研发中心"，位于李闸路上，门面看起来也不张扬。常熟蒸菜已经成为当地的非物质文化遗产，这家店是传承人顾美刚、王振飞和张建中一同创办的。商中尧说，常熟蒸菜的创新和传承可以说就从这里开始了，以后一些创新的菜式都要先在这里试验和试菜。

一进蒸菜馆吸引我的是张建中的气质，说实话，他很"像"一位厨师。这话肯定会引起一些误解，说意思就是俗气吧。错了。真正优秀的厨师从上到下都是干净利索的，就像是武林界的高手，是可以"看"出来的。不会是小品里说的那种脑袋大脖子粗什么的，厨师也是"师"，也是自有其独特气质的。厨艺也是"艺"，虽说是技艺，但也是一种蕴含着丰富修养的技艺。现在所谓的匠人精神，其实说的也是这种精气神，以前的老饕们"吃厨师",其实也是这种意思,不只是看手艺,也要看其整体气息和修养。一个外表不尽如人意的厨师不会是一位优秀的厨师。

步入二楼,再次吸引我的是张建中的书法和绘画。俊秀的小楷,清雅可观,写的是姑苏宿儒范烟桥的美食句子,还有寻常菜式的品味之道,很值得驻足读一读。闲逸的小品画面,似有五月清风,听蝉鸣,看螳螂欲起势出招。后来才知道,张建中不只是一位厨师,还是一位书法家和画家。用餐前,他写了"舍得""卧云听泉"等书法供我们选择带走。

张建中先生携常熟蒸菜上过央视《厨王争霸》,并在湖南卫视上与两湖蒸菜之乡比拼过蒸菜绝技,表现不俗,可谓是真正见过大世面的国家级烹饪大师。

其实我更期待听他谈谈常熟的蒸菜。他说常熟自古分为东乡、西乡。东乡如碧溪镇、浒浦、梅李一带民间办红白事的宴席常用到蒸菜,久而久之,就形成了常熟的一个菜系,出现在饭店的餐桌。现在经过他和另外两位厨师的整理,开办这家蒸菜研发中心,意在把蒸菜的厨艺和事业发扬开来并传承下去。

谈话时,我就想到了蒸菜的传统和现代。譬如以前肯定是用柴火,再后来改为煤火,再后来是煤气。现在是用什么燃料呢?张建中说用电,因为现在城市里餐饮业有新的要求,要安全,要无污染。

那么蒸器呢?以前应该是竹子编织的蒸笼,现在则是不锈钢的现代化蒸笼。任何事物都在发生着变化,餐饮也不例外,所以蒸菜的发展也就不存在"原汁原味"一说。只能说为确保菜式的味道鲜美,厨师第一道关就是对食材的把握。一个是就近取材,我相信早期的常熟蒸菜也是以本地产菜品为主,不可能舍近求远。常熟通江近海，河湖众多，稻蔬水产都很丰富，自古就有"苏湖熟，天下足"的说法。

常熟人的蒸菜最早源于蒸饭，为了节省燃料和时间，索性在蒸饭同时一并上竹笼把菜肴蒸了，至今民间还有几样蒸菜如此传承，如农家菜糠虾炖酱、毛豆子炖蟹、炖茄子、水炖蛋等。这在商君赠我的《常熟蒸菜》一书中有详细的解读。

根据常熟烹饪界的专家金权宝的解读，常熟方言中的"炖"与大众烹饪中的放置开水锅中炖菜不同，在常熟这是一种上竹制笼屉蒸菜或其他食物的统称，最后常熟蒸菜就形成了"老八样"。他还解说"老八样"与"八仙"有关，一些菜式甚至有传统图腾"暗八仙"的寓意。记得鲁迅说过，国人有"八景"之癖，凡事讲究八种、八样。我认为，常熟蒸菜的种类不必拘泥"老八样"，完全可以尽情发挥，不断丰富品种。

上菜的时候，我看到很多人都在拍摄冷碟，无论是寻常的山芋、甜藕、鸡蛋、黄瓜还是凉拌茄子、油炸鳑鲏鱼等，都摆设得如同画境，使人心悦口馋，不禁食欲大开。

在等待蒸菜上来的时候，我就想到了汪曾祺写过蒸菜的细节，其中提及，蒸菜衬底很重要：

　　昆明尚食蒸菜。正义路原来有一家。蒸鸡、蒸骨、蒸肉，都放在直径不到半尺的小蒸笼中蒸熟。小笼层层相叠，几十笼为一摞，一口大蒸锅上蒸着好几摞。蒸菜都酥烂，蒸鸡连骨头都能嚼碎。蒸菜有衬底。别处蒸菜衬底多为红薯、洋芋、白萝卜，昆明蒸菜的衬底却是皂角仁。皂角仁我是认识的。我们那里的少女绣花，常用小瓷碟蒸十数个皂角仁，用来"光"绒，取其滑润，并增光泽。我没有想到这东西能吃，且好吃。样子也好看，莹洁如玉。这么多的蒸菜，得用多少皂角仁，得多少皂角才能剥出这样多的仁呢？

汪曾祺另在《草木春秋》中也记述了蒸菜衬底的问题：

> 昆明过去有专卖蒸菜的饭馆，蒸鸡、蒸排骨，都放小笼里蒸，小笼垫底的是皂角仁，蒸得了晶莹透亮，嚼起来有韧劲，好吃。比用红薯、土豆衬底更有风味。但知道可以做甜菜，却是在腾冲。这东西很滑，进口略不停留，即入肠胃。我知道皂角仁的"物性"，警告大家不可多吃。一位老兄吃得口爽，弄了一饭碗，几口就喝了。未及终席，他就奔赴厕所，飞流直下起来。

在这里我也看到了常熟蒸菜的衬底，基本上是荤菜素衬，素菜荤衬。如蒸鲞鱼，一条鱼一剖二，看上去还是整体的，实际上已经改刀成段。说起鲞鱼，我们常见的都是虾籽鲞鱼，一块块的成品，上面涂满了虾籽，是吃茶或者外出佐餐的好菜。"鲞"这个字汪曾祺也有过专门的解释，说是一种烹鱼的方式，即做鱼干的意思。因此鲞鱼还有其他名称，且只有入海后才能称为鲞鱼，原产在长江里的仍用旧名，如称鳓鱼。此鱼蒸制后，非常鲜美，有淡淡的甜味。我吃鱼时看到衬底是菌类，当是常熟特有的蕈。

而另一小锅四样荤素搭配的蒸菜，其衬底皆是鸡蛋。还有一盘有蛋白片、蛋黄片、虾仁片、精肉片的蒸菜衬底则是嫩嫩的娃娃菜，蒸菜中间点缀瑶柱丝，起鲜开胃。

荤素搭配的蒸菜讲究的是搭配得当，如金华火腿丝一陇搭一行鸽子蛋；然后是窄窄一行皮丝，即油炸后的猪皮，切细；然后是一行鸽子蛋；再是一陇冬笋丝。如此既有一种平衡对称之美，也有吃起来香而不腻的特点。

当每人一份的"汽锅玉蝴蝶"上来时，我一直以为是鸡的翅根，后来才得知是猪膝盖蝴蝶状的软骨，仅是搭配了竹笋、枸杞和清汤，就蒸出了咸淡适合、清淡鲜美的例汤来，可谓是一大创意。看到这道菜我就想到了汪曾祺写的云南汽锅鸡，其实常熟的一些蒸菜所用器皿与汽锅很是相似，或者就是一种"共用"了。

看了有关常熟蒸菜的工艺，发现有干蒸、清蒸、扣蒸、粉蒸、糟蒸、荷叶蒸、纸包蒸等，其中扣蒸最为见功夫。扣蒸多为大荤菜辅以素菜蒸之，大荤先焯水或过油，或蒸制后，再去水去料与素菜蒸制，蒸好后倒扣过来在器皿上，方显出食材的本来面目，且带有一定设计的造型，使得这道蒸菜色香味形俱全，如霉干菜扣肉、腐乳扣肉、风肉扣蒸桂花栗子都是这种蒸法。

在所有的蒸菜品种中，我看以"东乡十八锅"为最复杂，它集中了瑶柱、鸽蛋、鱼肚、火腿、青鱼、鸡脯、冬笋、走油肉、紫菜、虾茸等于一体，排出团圆的造型，食材之间味道又有所融入。这样的蒸菜我相信是老少咸宜的，也是适合放在寿宴、喜宴或是年夜饭上的大菜。

这道菜使我想到了汪曾祺说过的蒸菜成功的另一个关键之道，即"透味"：

> 玉溪街里有一家也卖蒸菜。这家所卖蒸菜中有一色rang小瓜：小南瓜，挖出瓤，塞入肉蒸熟，很别致。很多地方都有rang菜，rang冬瓜，rang茄子，都是塞肉蒸熟的菜。

rang 不知道怎么写，一般字典查不到这个字。或写成"酿"，则音义都不对。我们到北京后曾做过 rang 小瓜，终不似玉溪街的味道。大概这家因为是和许多其他蒸菜摆在一起蒸的，鸡、骨、肉的蒸气透入蒸小瓜的笼，故小瓜里的肉有瓜香，而包肉的瓜则带鲜味。单 rang 一瓜，不能腴美。

我认为，蒸菜之道与炸油条的道理有点相像，即真正换了崭新的灶具和新鲜的色拉油，恐怕也就失去了原有的味道。

那天早上我们闲坐于虞山脚下，看树上的毛栗子饱满而繁盛，似乎是大年的样子。已经有人家先期上市，在马路边边剥边卖。但据商君夫人谢老师说，那些大多是外地来的，本地的桂花栗子还没有上市，边说边告诉我们一道美味：桂花栗子甜羹。以虞山栗子为主料，辅以腌制的糖桂花，再以西湖藕粉添入，最后得出此美味。以前我吃栗子不是糖炒栗子，就是栗子烧鸡。由此我还查到，汪曾祺家里也是这么做栗子的，他曾在《栗子》中写道："我父亲曾用白糖煨栗子，加桂花，甚美。"我就想，如果这道甜点是"炖"的，也就是常熟人所谓的"蒸"，会是什么样的口味？据说有一道"冰糖栗子"就是蒸出来的。

看范成大编《吴郡志》曾赞及常熟的栗子：香味胜绝。亦号麝香囊，以其香而软也，微风干之尤美。我已经期待着深秋的来临，去尝尝虞山的蒸栗子。

宋宴食单

入夏以来，多读闲书。偶读《书斋闲话》，日人幸田露伴的作品，其中也提及"夏日书单"一节，说夏天宜读轻松的内容，尤其可以读一些短文。幸田可谓是一位汉学家，对中国古典文学颇有研究。此书译者陈德文也是一位语言学教授，译文大好。书中有一文《张俊供进御筵食单》引起了我的注意，因为此前《武林旧事》有所提及，但没有这么详细解读。再加上最近通读汪曾祺美食作品，其中就有一篇《宋朝人的吃喝》，几篇相互对比阅读，颇为有趣。宋朝人绝对不像我们今天这样吃喝，但也可能绝对不是所想象的那样吃喝，不妨来看看。

一

先从汪曾祺的文章开始吧。汪老说，"宋朝人的吃喝好像比较简单而清淡。连有皇帝参加的御宴也并不丰盛。御宴有定制，每一盏酒都要有歌舞杂技，似乎这是最主要的，吃喝在其次"。

此话当可做两种解读：一是宋皇帝在宫内用膳必是规规矩矩，二是宋皇帝到了外间吃喝则就可以发挥新意了。

就从绍兴二十一年（1151）说起吧。众所周知，秦桧是个大奸臣，张俊更不是什么忠臣良将，后人将这两人塑像置于岳飞墓前跪姿谢罪。当然，张俊之前作为武将对宋朝有功是事实，晚年极其腐败也是事实。这一年阴历十月，天已经很寒冷了。宋高宗突然起意临幸张俊府，在此之前好像高宗只去过太师秦桧家，可见这是一份无上的荣耀。张俊当然会全力以赴办好宴席接待工作。来看看当时的食单：

1. 绣花高饤一行八果垒：香橼　真柑　石榴　栻子　鹅梨　乳梨　榠楂　花木瓜

2. 乐仙干果子叉袋儿一行：荔枝　圆眼　香莲　榧子　榛子　松子　银杏　梨肉　枣圈　莲子肉　林檎旋　大蒸枣

3. 缕金香药一行：脑子花儿　甘草花儿　朱砂圆子　木香丁香　水龙脑　使君子　缩砂花儿　官桂花儿　白术人参　橄榄花儿

4. 雕花蜜饯一行：雕花梅球儿　红消花　雕花笋　蜜冬瓜鱼儿　雕花红团花　木瓜大段儿　雕花金橘　青梅荷叶儿　雕花姜　蜜笋花儿　雕花栻子　木瓜方花儿

5. 砌香咸酸一行：香药木瓜　椒梅　香药藤花　砌香樱桃　紫苏奈香　砌香萱花柳儿　砌香葡萄　甘草花儿　姜丝梅　梅肉饼儿　水红姜　杂丝梅饼儿

6. 脯腊一行：肉线条子　皂角铤子　云梦耙儿　虾腊　肉腊　奶房　旋鲊　金山咸豉　酒腊肉　肉瓜齑

7. 垂手八盘子：拣蜂儿　香葡萄　香莲事件念珠　巴榄子　大金橘　新椰子象牙板　小橄榄　榆柑子

计有各式食碟七十二种。

看官们，截至目前，还没有正菜上来。就从第一列说起吧，绣花高钉，就是看上去极美的装饰品，只是看的，不吃。譬如香橼和佛手做的清供，我这次在扬州淘货就买了木制老米斗，打算等香橼下来用来香供。第二列呢，也是不吃的，看上去都是一些果子类的，但摆设得极美，谁会乱动那些完美的造型呢？第三列几乎都是凉性的中草药，幸田解释说："此一列皆防邪劝食物也，气味备极爽快。"第四列应该属于开胃小菜，就像是现在的冷碟，酸爽黄瓜条、卤汁花生米、梅渍樱桃萝卜、梅菜笋丝一类的，但这些菜都做得极其精美，花样繁多，不蘸糖，蘸蜜吃。幸田说："开胃劝食，有大功。"并说："宋温成皇后好金橘，见欧阳修《归田录》。"第五列还是果蔬类，且极细作，如姜丝梅："姜缕截之，装入梅子。"而且这些精细果蔬说起来都有讲究，无非是长寿成仙之寓意。

…………

说到这些烦琐的食前礼仪和花招子，我近日读孔德懋著《孔府内宅轶事》也提及孔府最高筵席每桌菜达到一百三十多道，这种酒席叫"孔府宴会燕菜全席"。孔府兴于宋代，筵席的主宾席上并不围桌而坐，要有一个空缺，齐桌围并排摆上四个"高摆"。这"高摆"就是筵席上特有的装饰品。

这种"高摆"是用江米做的，"一尺来高、碗口粗的圆柱形，摆在四个大银盘中。圆柱形的表面和银盘里都密密麻麻地镶满各种细干果（莲子仁、瓜子仁、核桃仁等），而且要选择不同颜色、不同形状的干果镶出绚丽多彩精巧细致的花致图案，在圆柱形的正面还要镶出一个字，四个高摆上的四个字联起来是这酒筵的祝词，比如：过生日就是'寿比南山'，结婚就是'福寿鸳鸯'之类"。

这种摆设糕点极其费功夫，单单四个"高摆"就要十二名老厨师花四十八小时才能完成；而且这种酒席还需要特制的高摆餐具，都是金银材料，成套的，不可缺少一只半个。想必看起来是很美丽的。

由此，我想到了汪曾祺在《知味集》后记中提到的一个问题，说有段时间中国菜想在创新上下功夫：

> 但是创新要在色香味上下功夫，现在的创新菜却多在形上作文章。有一类菜叫做"工艺菜"。这本来是古已有之的。晋人雕卵而食，可以算是工艺菜。宋朝有一位厨娘能用菜肴在盘子里摆出辋川小景，这可真是工艺。不过就是雕卵、辋川小景，也没有多大意思。鸡蛋上雕有花，吃起来还不是鸡蛋的味道么？辋川小景没法吃。王维死后有知，一定会摇头：辋川怎么能吃呢？现在常见的工艺菜，是用鸡片、腰片、黄瓜、山楂糕、小樱桃、罐头豌豆……摆弄出来的龙、凤、鹤，华而不实。用鸡茸捏出一个一个椭圆的球球，安上尾巴，是金鱼，实在叫人恶心。

二

继续看张俊进贡给宋高宗赵构的筵席菜单：

1. 切时果一行：春藕　鹅梨饼子　甘蔗　乳梨月儿红柿子　切枨子　切绿橘　生藕铤子

2.时新果子一行：金橘　咸杨梅　新罗葛　切蜜蕈
切脆桹　榆柑子　新椰子　切宜母子　藕铤儿　甘蔗奈香
新柑子　梨五花子

3.雕花蜜煎一行：同前。

4.砌香咸酸一行：同前。

5.珑缠果子一行：荔枝甘露饼　荔枝蓼花　荔枝好
郎君　珑缠桃条　缠酥胡桃　缠枣圈　缠梨肉　香莲事件
香药葡萄　缠松子　糖霜玉蜂儿　白缠桃条

6.脯腊一行：同前。

至此可以发现，不仅有肉和肉脯了，甚至还有虾、鲊。"鲊"
就是一种以酒和红曲腌制的鱼菜，"江南人好作盘游饭，鲊脯
脍炙无不有，然皆埋在饭中。故里谚曰'撅得窖子'"，此语
就出自宋代吃货苏轼的《仇池笔记》。

在这些果菜中出现一个特别的名称"奶房"，这道菜就连
幸田露伴都说不可解，并说可能是"肉之场处名也"。我查了一下，
有人说就是动物的乳房。北宋时，宫廷膳房就有食用羊乳房的
旧例，有段时间可能吃得太多了，高太后因不忍心遂下禁令。
在接下来的菜肴中还有各种乳房菜，如奶房签、奶房玉蕊羹。
动物的乳房到底是什么味道，我没有尝过，在《东京梦华录》
中也有所记，这道菜在宋代首都比较流行，甚至在外国有人以
可以食"怀孕母猪之乳房"为尚。但是我总觉得这是一种猎奇
和炫耀，想想都是一种比较恶心的事情。

接下来终于轮到下酒菜了。汪曾祺在《宋朝人的吃喝》中
也提及，说皇帝请客时也有"看盘"：

幽兰居士《东京梦华录》载《宰执亲王宗室百官入内上寿》，使臣诸卿只是"每分列环饼、油饼、枣塔为看盘，次列果子。惟大辽加之猪羊鸡鹅兔连骨熟肉为看盘，皆以小绳束之。又生葱韭蒜醋各一碟。三五人共列浆水一桶，立杓数枚"。"看盘"只是摆样子的，不能吃的。

同时，汪曾祺还提到，宋朝人饮酒"是总要有些鲜果干果，如柑、梨、蔗、柿，炒栗子、新银杏，以及莴苣、'姜油多'之类的菜蔬和玛瑙饧、泽州饧之类的糖稀"。

汪老的看法在张俊进贡筵席的"劝酒果子库十番"中便有充分的体现：

砌香果子　雕花蜜煎　时新果子　独装巴榄子　咸酸蜜煎　装大金橘　小橄榄　独装新椰子　四时果四色　对装拣松番葡萄　对装春藕陈公梨

来看看当时的下酒十五盏：

第一盏：花炊鹌子、荔枝白腰子。

第二盏：奶房签、三脆羹。

第三盏：羊舌签、萌芽肚胘。

第四盏：肫掌签、鹌子羹。

第五盏：肚胘脍、鸳鸯炸肚。

第六盏：沙鱼脍、炒沙鱼衬汤。

第七盏：鳝鱼炒鲎、鹅肫掌汤齑。

第八盏：螃蟹酿枨、奶房玉蕊羹。

第九盏：鲜虾蹄子脍、南炒鳝。

第十盏：洗手蟹、鲟鱼假蛤蜊。

第十一盏：五珍脍、螃蟹清羹。

第十二盏：鹌子水晶脍、猪肚假江珧。

第十三盏：虾枨脍、虾鱼汤面。

第十四盏：水母脍、二色茧儿羹。

第十五盏：蛤蜊生、血粉羹。

从这些下酒菜可见，其中不少是羹类，汪曾祺曾以宋代文献写道：

> 钱塘吴自牧《梦粱录·分茶酒店》最为详备。宋朝的肴馔好像多是"快餐"，是现成的。中国古代人流行吃羹。"三日入厨下，洗手作羹汤"，不说是洗手炒肉丝。《水浒传》林冲的徒弟说自己"安排得好菜蔬，端整得好汁水"，"汁水"也就是羹。《东京梦华录》云"旧只用匙，今皆用箸矣"，可见本都是可喝的汤水。

汪老曾举例说，宋代有人以山羊肉为"玉糁羹"，"他（苏轼）觉得好吃得不得了。这是一种什么东西？大概只是山羊肉加碎米煮成的糊糊罢了。当然，想象起来也不难吃"。其实这是出自苏东坡的食谱，老苏闲着没事会捣鼓着私人食谱，至于好吃与否难知，但却能说明羹在当时是很时兴的菜式。

张俊所供的羹菜难吃不难吃恐怕只有当事人所能品鉴了，况当时口味与今已是巨变。或许那时，吃饭已经不重要了，重要的是这是一场盛大无比的仪式，君臣要的都是排场，铺天盖地的排场。筵席间的"插食"还有炒白腰子、炙肚胘、炙鹌子脯、润鸡、润兔、炙炊饼等等。

还有"厨劝酒十味",包括江鳐煠肚、江鳐生、蝤蛑签、姜醋生螺、香螺煠肚、姜醋假公权、煨牡蛎、牡蛎煠肚、假公权煠肚、蟑蚷煠肚。

幸田露伴在解析这些菜式时说,仅上述这几样就有海蟹、瑶柱、牡蛎、香螺以及章鱼等海产品,并说在日本平日也难得吃上这些菜肴,一些重要场合才见得到,譬如婚礼上。

汪曾祺曾写过:"遍检《东京梦华录》、《都城纪胜》、《西湖老人繁胜录》、《梦粱录》、《武林旧事》,都没有发现宋朝人吃海参、鱼翅、燕窝的记载。吃这种滋补性的高蛋白的海味,大概从明朝才开始。这大概和明朝人的纵欲有关系,记得鲁迅好像曾经说过。"

汪老此段话看来下结论有点早,北宋时朝廷处在中原地带,远离海疆,自然无法轻易获得海鲜。到了南宋时,朝廷南渡,通江达海,海鲜也渐渐走入富贵人家的餐桌。张俊进贡更是少不了这些海货。

在这场筵席上,随行的大批官员和侍卫严格按照官阶给予菜式供应,可谓是真正的"看人下菜碟"。如太师秦桧即"外官食次第一等",蜜饯三十碟、酒三十瓶,可知菜肴之丰盛。当时秦桧的儿子"观文殿学士"秦熺也在场,随父享受第一等菜式。

而最下等的则是:各食五味、斩羊一斤、馒头五十个、角子一个、铺姜粉饭、下饭咸豉、各酒一瓶。

三

有人大概计算了一下，当天张俊一顿饭供给宋高宗赵构的菜式达一百八十多道，酒水和各种珍宝更是不计。还有随行的一百多位大小官员，接待量更是可想而知。

但是张俊并没有吃亏，十月接待，十一月受恩赏，张家男女老少三十口推恩受封。

幸田露伴在详细解析了各种菜式后不禁感慨，中国人自古以来看重饮馔之事，甚至当成重大礼仪对待。可见人人贪吃也是事实，如"孟子虽卑食前方丈之愿，亦说熊掌鱼鲜之美"。他还说"高宗时，既失天下其半，而日减御膳思溥沱河之饭乎？然秦桧糊涂一世装太平，张俊相应，丰飨盛馔，炫耀一世。看其品目次第，飨天子本不该寒素，然广案长桌，鸣呼，亦过矣。可鄙乎哉。然南宋人民重食馔之弊自此渐长"。

看看，连外国人都看不下去了，只骂可鄙。

从这张大菜单中我倒是得出三种启示：一是豆豉这腌菜在宋代就很流行了，上至皇帝，下至黎民，都喜欢吃这种开胃下饭的小菜，现在豆豉更是成为天南地北做菜必备的作料。二是南宋时开始吃海鲜了。有必要再补充一条，宋代已经开始吃糖炒栗子了，汴京时有个李和儿，炒栗子是一流的，很多大臣都喜欢吃他炒的栗子。三是分餐制。

汪曾祺曾写过：

　　宋朝人好像实行的是"分食制"。《东京梦华录》云"用一等琉璃浅棱碗……每碗十文"，可证。《韩熙载夜宴图》上画的也是各人一份，不像后来大家合坐一桌，大盘大碗，筷子勺子一起来。这一点是颇合卫生的，因不易传染肝炎。

从这次筵席上看，肯定实施的是分餐制。中国人崇尚大团圆，偶尔在重要时节举行团圆宴倒是热闹，但在长期的就餐中，我个人还是极力赞成恢复"新式"的"旧制"。

最后还有一点，我个人是相信宋代有一时期朝廷是实行清淡饮食的，至少是重形式而不重内容。在南宋林洪的《山家清供》里有一条"玉灌肺"，制作简单，只是把真粉、油饼、芝麻、松子、胡桃、莳萝，加上白糖、红曲搅和拌匀，入甑蒸熟，切作肺样块，用辣汁供。"今后苑名曰御爱玉灌肺。要之不过一素供耳。然以此见九重崇俭不嗜杀之意。居山者岂宜奢乎？"

忽然想起了当今一句时髦的话："大哥，我也想低调啊，可实力它不允许啊。"皇帝也想走轻食路线，但很多事情恐怕他已经不能做主了，这恐怕也是南宋必亡的一个原因吧？

明朝养生那些事

　　茶有茶道，花有花道，剑有剑道，饮食大事，自然也有其道，在重视健康和养生的今天，我们应该如何遵循饮食之道呢？

　　据我多年观察，不论是家宴还是在酒店请客，似乎一上来就是冷碟，四只冷盘、八只冷盘，卤牛肉、卤鸭舌、油爆鱼块、凉拌海蜇、凉拌黄瓜、花生米、蜜枣、糖藕、腌萝卜等等，反正清一色的是凉菜，有的还是从冰箱里直接掏出来的冰货。对于好酒之士，当然乐于从冷盘开始端杯，有的热菜还没有上来，一瓶白酒就见底了。我是一向排斥这种吃法的，或许是因为我的身体原因，胃寒。有些人身体无碍可能还会由此生出鄙视，但我始终坚持热菜上来才动筷子。我一直在为我的坚持寻找一种依据，直到我读了明代人高濂写的《遵生八笺》。

　　《遵生八笺》里提及："凡食，先欲得食热食，次食温暖食，次冷食。"这就很清楚了，吃饭的时候先吃热的，接着是温热的，最后才是冷的。至少在明代我们就注重食物温度次序了。按照这个说法，最后上冷饮或者果盘是正确的。书中又讲道："食热温食讫，如无冷食者，即吃冷水一两，咽，甚妙。"吃完热食、温食后，可用一两口冷水，我以为是冷开水或者冷的纯净水，有利于肠胃降温，从而有助于消化。由此我想到在日本时，饭前、饭中，店家总会给你备好纯净冰水，且水质偏软，使人清怡，

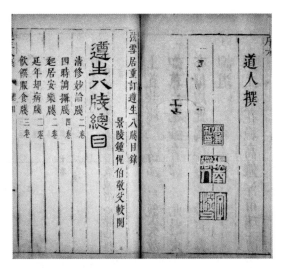

《遵生八笺》书影（1）

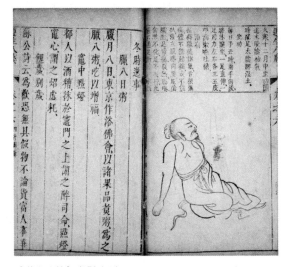

《遵生八笺》书影（2）

或者就是有利于消化的道理。

《遵生八笺》又说："真人言：热食伤骨，冷食伤脏。热勿灼唇，冷物痛齿。"真人即药王孙思邈，他说吃过热的食物会伤及筋骨，我个人认为还会伤及肠胃，乃至咽部；过冷的食物则会伤及腑脏，乃至肺部。什么是过热？什么是过冷？感觉到烫嘴唇痛，那就是过热了；感觉到牙齿受到冰冷刺激，就是过冷了。按照这个标准，现在人吃火锅、烧烤、麻辣烫或是吃冰棒、喝冰水都是不合格的。就连现在人平时喝工夫茶也是过烫，而在春秋冬季喝加冰饮料更是会伤及身体。

有段时间，我听中医专家讲《黄帝内经》，说你今天出现腹泻，可能不是昨天、前天吃坏了肚子，也可能是大前天或是十天前吃得有问题。这事我也遇到过的，有时会莫名其妙出现腹泻，但并非是当天的饮食问题，也不是一时的情绪问题，而是一段时间精神紧张和压力积累的神经功能紊乱。有段时间我出现了失眠，中医切脉说我不是一两个星期的问题，而是一两年的问题。回去我一查日记，果然应验，上面常常记着失眠、多梦、早醒、早饭吃不下等问题。由此我想到一句老话："三十岁前人找病，三十岁后病找人"。时下年轻人往往都会仗着火气大、精力足、扛得住，生冷不忌。烫得嘴唇通红照吃不误，冰得牙齿疼痛也不在话下，直到几年或若干年后彻底出现了肠胃问题或者相关重症，才引起注意，从此知道忌口是怎么回事，不忌口又会造成什么伤害。

我所认识的最长寿的学者汉语拼音和文字学家周有光先生活到112岁依旧是红光满面、思维清晰，还能动手读写，连医生都要向他请教养生之道。他说过一句话："人不是饿死而是吃死的，我从不吃补品。"在饮食上，周先生自述以鸡蛋、青菜、牛奶、豆腐为主。据我所知，他还嗜好苏州的玫瑰腐乳，甜丝丝的，并不过咸。周先生说他参加宴会时发现很多菜都不应该吃，应该吐掉，他以为最好的饮食观念就是简朴。昆曲名家顾笃璜先生也是坚持如此的饮食之道。他曾提出，最好的宴席不在饭店，而在家里，因为菜肴讲究，有利于养生。顾先生从多年前就坚持回家吃饭，几乎不在外面吃饭，问他吃什么，答曰：红薯、玉米、蔬菜之类的。据我观察，顾老即使到了饭店吃大鱼大肉也很少，他只是喜欢多饮水。顾先生今年九十三岁了，依旧康健如常。

据《遵生八笺》说："凡食，皆熟胜于生，少胜于多。饱食走马，成心痴。"自从日本流行的生鱼片传到中国（其实最早也是从中国传过去）后，各种生食就在饭馆里盛行开来，各种鱼片、牛肉、牡蛎、海胆等，更不要说什么冰草、生蔬菜了。人类会使用火种被视为是文明生活的开始，我以为也是健康生活的开始。生食既牵涉消化问题，同时也事关细菌大事。有人喜欢生食鸡蛋，一口气吞下四五只，名曰大补。有段时间流行吃水煮牛蛙，只是在火锅里汆一下，还说此时正嫩口。已有医学专家指出此物蕴藏着大量寄生虫，且一般温度很难消灭完全，因此有人食后出现细菌入侵人体的新闻也就不足为奇了。至于说美味的醉虾、醉蟹，我以为还是不吃为好，虽说发病概率不算高，但毕竟存在风险，且可能一次食用，潜藏多年的风险。即使是瓜果类，生食也有说法。元代的养生书《三元延寿参赞书》说："凡空腹勿食生果，令人膈上热，骨蒸作痈疖。"就是说空腹食用生瓜果类后会生痈疽，疖肿，即严重的皮肤病和皮下组织的化脓性炎症。

在《遵生八笺》里还提到有几种动物不能吃，如燕子，说人吃了下水后容易被毒蛇攻击。还有大雁、狗、乌鱼、耕牛不能吃，吃饭不必追求奇珍异味，也不必"丰五鼎而罗八珍"。所谓八珍都是动物的代称，如"龙肝"据说是娃娃鱼肝、穿山甲肝或者马肝，凤髓据说就是锦鸡的脑髓，鸮炙则是烧烤鸥鸮。人类可选择的食材已经很多了，又去毫无节制地开发什么天鹅肉、穿山甲、熊掌、娃娃鱼等，简直是大大违反了基本的人伦道德甚至可能导致出现严重的传染病。我以为人类在条件的允许下应尽可能减少食用动物。

再回到《遵生八笺》，作者高濂是一位善于养生的高士，且对前人留下的经验多有实践。他说："可食之物有益，不可食之物必有损。损宜永断，益乃恒服。每日平旦，食少许淡水粥，或胡麻粥，甚益人，理脾气，令人足津液。日中淡面、馎饦及饼并佳。"这里说得再清楚不过了，吃饭不能乱吃东西，要吃那些经过千百年来实践和经验证明安全的食物，且食物与食物、食物与人体之间也有一定的禁忌，在书里就涉及多种，而我们日常中大闸蟹不与柿子同食，身体生疮不宜食海鲜等，也都是这类的经验。高濂还给出了早晨和中午的菜单，早晨吃粥，中午吃面条、面食或者饼类。有人会问晚餐吃什么，我以为高濂可能是过午不食的养生者。有人说早餐是天食、午餐是人食、晚餐是鬼食，也就是说晚餐能免则免。我的爷爷奶奶都活到了90多岁，他们到了晚年后晚餐要么免了，要么就是常常一碗山芋汤，他们都是无疾而终。我外婆今年96岁了，从早些年她就戒了晚餐，如今我母亲也在向外婆学习。由此可知，饮食之道不在于口腹的广收博取，恰恰在于克制。

据说高濂是因生病而四处寻医，从而积累了自己的养生之道。他还研制了一种宝酒，"年三十九服起，于六十四岁，须发如漆，齿落更生，精神百倍，耳目聪明，比前大不同矣"。头发由白变黑并非虚话，牙齿掉了还会长出来也是实话。我相信今天的人也能做到这一点。

在此书的最后，高濂还引述唐代养生著作《天隐子》之言："神仙，人也，在乎修我灵气，勿为世俗沉沦，遂我自然，勿为邪见凝滞，则功成矣。"这里说的自然是指养生之道，神仙也是经过凡人修炼而成的，吃什么不吃什么也很关键。我想饮食之道则全在乎遵循自然规律。

说"糟"

　　每到盛夏，苏州人都欢喜一味——糟。糟鹅、糟鸭、糟鸡、糟熘鱼片等，既解馋又解腻，还能打开胃口。

　　至于什么是"糟"呢？我想是与酿酒有关的。以前的酒厂都是以粮食为主要原料，玉米、高粱、山芋等。我们家乡不产大米，南方应该多采用大米制酒。我家有个亲戚是开酒厂的，浓郁的原浆酒香四处弥漫，闻着就使人微醉了。车间里到处堆放的都是酒糟，也就是已经被吸收了精华的下脚料，这东西专门有人收购，买回去喂猪，是上好的饲料。由此想到昆曲名家顾笃璜老先生说的一件事，苏州的横泾镇烧酒很有名，是纯正的粮食酿造，绵软醇香。他又说当地的猪肉也很好吃，肉质鲜美，并带有淡淡的酒香味。为何？因为当地发展循环经济，粮食酿酒，酒糟喂猪，猪粪又回到土地施肥给粮食。

　　在北方，酒酿叫醪糟。我在西安北郊未央宫遗址旁小居过一段时间，常见妇女骑行三轮车巡乡叫卖醪糟，吆喝出来的声音是"醪糟醅！"响亮又好听。有家卖早点和小吃的店家常会购买，用来加工成醪糟鸡蛋或醪糟汤圆。我常会在早间晨跑或傍晚散步后去买一碗醪糟鸡蛋汤，蛋花黄灿灿，醪糟粒子如细小的雪珠子，闻起来酒香味恰当地中和了蛋腥味，食之润滑可口，使人心生愉悦。据老人说，此物以前多用于坐月子的产妇，或者手术后进补之用。《黄帝内经》里也提及此物可补身补气。在我们家乡则称为"酒酵子"，多用作蒸馒头发酵，而且越陈越有效果。还有就是用作打甜汤，加入苹果粒、橘子瓣、银耳、莲子等，最后出锅时加入酒酵子，吃起来开胃生鲜又能在宴席收尾时用于解腻。

如果你去过酒厂车间的话，就会见到成堆的酒糟，它们虽然已经被抽走了精华，但是依旧是香气醉人，如果拿来制作糟菜，也是可以的。但现在不需要这么复杂了，因为有了现成的糟油。

清代老饕袁枚在《随园食谱》提及："糟油出太仓，愈陈愈佳。"我以为太仓之所以盛产糟油，是因为当地粮食丰富，曾是全国几大粮仓之地。太仓糟油以糯米酿成，经过发酵、压榨，后加入盐、焦糖、蜜糖等，还要封缸一整年。据说太仓产糟油距今已有三百年的历史，慈禧太后也很喜欢太仓糟油，曾赐字"进呈糟油"。太仓多产糟类菜肴，糟鸡、糟凤爪、糟毛豆，还有不少凉拌菜也都加入了适量的糟油，使之更加鲜美。

北魏时《齐民要术》载："糟肉，春夏秋冬皆得作。以水和酒糟，搦之如粥，著盐令咸。内捧炙肉（火烤过的肉）于糟中。著屋下阴地。饮酒食饭，皆炙啖（烧烤然后吃）之。暑月得十日不臭。"由此可知以糟制菜早已有之，且可防腐。因此在江南地区，盛夏时节正是糟菜上市的时候，如糟鹅、糟鸡、糟鹅蛋、糟萝卜等。

糟油是如何制作的呢？清代文人顾仲在其著作《养小录》中提及："作成甜糟十斤、麻油五斤、上盐二斤八两、花椒一两，拌匀。先将空瓶用麻布扎口贮瓮内，后入糟封固，数月后，空瓶沥满，是名糟油，甘美之甚。"有兴趣的食友们不妨试试。

当然，各地制糟用料和方法各有不同。清代大词人朱彝尊在《食宪鸿秘》中提到了"甜糟"的做法：以上等白江米为主料，蒸饭留浆，制成酒酿后留糟，再加入盐、橘皮封固留用。此书中还有一方值得效法，"糟乳腐，制就陈乳腐，或味过于咸，取出，另入器内。不用原汁，用酒酿、甜糟层层叠糟，风味又别"。那天与友人偶然路过苏州古城区十梓街，见有小食摊专卖用直酱菜，顺眼一瞥，发现有糟乳腐（江南人多称腐乳为乳腐），便起了兴趣，一人一盒。金色透亮的糟油，浅黄似轻轻过油炸制的乳腐，看起来就使人心生食欲，无论是就馒头，还是吃粥，都很相宜，吃一次再难忘记。如此对照前人所述"糟乳腐"做法，果然名不虚传。

为了进一步弄清糟的种类，我特地去苏州观前街卖冬酿酒的老字号"元大昌"店，进店就看到玻璃柜台里成袋的"香糟"，心生好奇，问营业员，对方懒懒地答就是泥巴，再问又答是吊糟用的，却始终不肯拿出来看看。其实这种香糟就是南方人酿酒剩下来的渣子，压在一起就像是泥巴。打碎后加入黄酒、八角、桂皮、茴香、花椒、玉竹等调味料充分拌匀，密封放上二至三天，经过二次发酵形成糟卤，然后过滤去除杂物，再加上冷开水和白酒，就成为糟油，可以腌制各种肉类。

在"元大昌"柜台上还摆放着一种糟油，我一看正是出自太仓，产品介绍称始于乾嘉年间，还曾远销国外市场。至于酿造方法则很含糊，说采用秘方，选用上等糯米原料酿造而成；看成分原料有大米、陈皮、玉竹、茴香、桂皮、香菇、盐等；用法是可腌制肉类，可凉拌菜，也可以在烧汤时加入一点；再看营养成分，以钠为最多，钠对于人体营养平衡的调节具有重要作用，但糟油也不宜多食，否则会伤及心脏、肝、肾或是容易变胖。总之，糟菜好吃，但只适宜尝鲜，不可贪口。

在我的印象中，将糟用得颇为巧妙的是姑苏名点枫镇大面，此面曾入《舌尖上的中国》纪录片，影响一时，这面只在盛夏时节提供，其核心内容就是一块走油大肉，看上去赏心悦目、大快人心；而这碗面的灵魂则属于醪糟，即酒酿，提鲜解腻，开脾健胃，在清淡如山泉之水的面汤中飘飘欲仙。只是也因此引起外地食客的误会，说店家不讲卫生，吃米饭的饭碗未洗干净，直接拿来盛面，你看，面汤中还飘着米粒。这当然是误会，据说面老板首创枫镇大面也是误会。传言当时调料师傅贪杯，以致误把酒水洒入面汤，结果无意中调出了极鲜面汤。还有一种说法是，兄弟二人合伙开面馆，结果老大拿钱去买作料，途中进赌局输得精光。老二急中生智，赊了猪肉，用家中仅剩的酒酿作调料，由此开始了枫镇大面的起源。南巡的皇帝吃了都连声称赞。人们总愿给美食赋予传奇故事，这或许是人们热爱美食的一种通俗方式。而我更想多夸夸"糟"的功效，咸甜荤素几乎百搭，而它又不会抢功，主角永远是别人，它只做它应该做的配角。它取自粮食，却又超出粮食本质，这个过程类似于蚌生珠、蛹化蝶。当然我更佩服的是那些勇于在日常中探索饮食之道的寻常人家，他们为了能让家人更好地生存下去，可谓动足了脑筋。他们的出发点远没有《舌尖上的中国》那么文艺范儿，但是他们的心却是如同灶膛里的旺火，赤诚而热烈。我母亲会做十几种面食，她使用"酒酵子"能做出馒头、花卷、锅盔、肉包、菜包、糖包（三角形）等，使我在学龄前就尝到酒香的食味。那种充分发酵后的醇香，可以使人把它融入整个童年物质匮乏的时期，以致我现在一闻到糟菜的香味，记忆便一下子被拉回到了童年时光。

蕈有多香？

　　我常常会因为某一样食物想到一个人，如苏州头汤面与陆文夫，如常熟人喜欢吃的蕈与好友商中尧。作为党报驻常熟记者站首席记者，商兄对于常熟的各项情报可谓烂熟于心，他的夫人是当地非遗项目常熟花边的制作技艺传承人，本职则是一位美术教师，可谓心灵手巧。因此我每到常熟觅食一定会预订商兄的时间，因为他实在是太忙了，而且他也是一位美食家。常熟蒸菜、鸭血糯、梅李（董浜）菜饭、叫花鸡、沙家浜爊鸡等，还有一碗蕈油面，我都是在商兄的引导下一一品尝过。其中以虞山兴福寺山门外的蕈油面为最深刻，每每忆起，唇齿留香，舌津滋生。

　　蕈读为 xun，应该是第四声，很容易让人想到菌字，其实它就是一种生长在树上的食用菌。但是常熟人的读音我听起来却是"zhen"，发音很重，好像咬牙切齿似的，透着一股热爱的劲头。商兄原籍苏北，说起常熟话更是有劲，使人亲切。商兄还有一个特点——猛吃不胖，他尝遍常熟角角落落的美味佳肴，但身材依旧苗条壮实，其秘诀在于努力工作，积极锻炼。他还多次参加马拉松长跑比赛，难怪"猛吃不胖"。

　　我每次到常熟都会先想到蕈，记得第一次吃到此物就是他带我去的。悠悠虞山脚下，千年兴福禅寺，一大早就熙熙攘攘，好一个芸芸众生的万象世界，活力十足。作为常熟人，早晨不来一碗蕈油面，似乎整个人还恍惚在梦里。一碗面吞下，一壶茶饮下，整个人顿时苏醒了，复活了。

蕈是什么？一种近似深褐色的菌类，其中以长在古松上的蕈为珍贵。这种菌颜值不是太高，且保鲜时间很短，一定要及时熬油。蕈的点睛之笔在于蕈油的熬制，熬制的油一定是菜籽油，不用荤油，不用色拉油，据说最早是源于寺庙食谱，因此不可能用牛、羊、猪油。蕈在熬油之前洗净沥水，上锅用蒸笼蒸熟，菜籽油烧热后再下蕈。油没过蕈，并放入姜片、盐，如此熬到泡沫减少，然后捞起蕈，待油凉，再回锅熬制，过程复杂，全在于个人经验把握。正如同识别蕈的种类，千万不可乱食用，否则会有误采毒菌中毒的危险。

一碗蕈油面上来，面鲜蕈香，不要过多的浇头，只有一层蕈肉绵软地躺在诱人的红汤之中，汤上撒着蒜苗粒子，一碟姜丝待用。吃面的时候一定要就着蒸腾的氤氲，吃得呼呼有声，颇有滋味。吃完面与蕈，汤也要喝掉，飘着蕈油的汤汁不需要任何的作料提鲜，已足够把眉毛鲜掉下来了，而最后蕈的滋味还在口齿中回味悠长。那比肉还香，那胜过海鲜之鲜的素鲜，使它称得起"素中之王"的美誉。难怪当年宋美龄、宋庆龄都要带着大小随从专程来常熟品尝这碗素面。

后来陆续在苏州市区也见过蕈油面的招牌，有一家苏州老牌面店还做了引进，当然价格也是"物离乡贵"，一碗面高达近百元，被称为"面中之皇""面中奢侈品"。只是在吃的时候，总感受不到那种原生态的滋味。"七溪流水皆通海，十里青山半入城。"吃面时思绪飘飞，联想着黄公望、姜太公、钱谦益、柳如是、翁同龢，瓶隐庐、虞山、兴福寺、红豆山庄、尚湖、竹林、松海、山峰，若是少了这些元素，一碗蕈油面的内容必定会空泛许多，更会逊色不少。

有时我也会携家人偷闲半日去常熟吃一碗蕈油面，尽管身边也是亲切的常熟话，但因为缺了朋友的陪伴，使得这碗面黯然了。因此吃蕈油面一定喊上常熟文友，边吃边聊，够味儿。

苏州人爱食面食是常识，苏州下辖各县市也都有独特的面，如太仓羊肉面、昆山奥灶面、常熟蕈油面等。在所有面种之中，唯一具有山水古韵和自然意识的恐怕非蕈油面莫属。

蕈油面鲜香可口自是常理，但那么多食客将多年的日常坚持成了习惯，这其中当然会充满着亲情、友情，甚至爱情的成分。想一想，饮食若是缺乏了情感，不过就是生硬的食材和器皿的组合吧。因为对蕈的兴趣，我查询其历史发现，早在千余年前南北朝的顾野王在《玉篇》中作注：蕈，地菌。晋时陆云也有诗云："思乐葛藟（lěi），薄采其蕈。疾彼攸遂，乃孚惠心。"

到了清代，顾仲在《养小录》载："香蕈粉。香蕈，或晒或烘，磨粉，入馔内，其汤最鲜。"可知蕈用于提鲜早已有之，就如同现在的味精、鸡精。顾仲还记有一道蕈菜："醉香蕈，拣净水泡，熬油炒熟。其原泡水，澄去滓，仍入锅。收干取起，停冷。以冷浓茶洗去油气，沥干，入好酒酿，酱油醉之。半月味透。素馔中妙品也。"

曾在清华大学、西南联大任教的常熟人浦薛凤教授在海外漂泊多年仍记得家乡的蕈味："常熟乡间山麓所产之松树蕈与鸡脚蕈，味均鲜美。前者带黑色，可熬作蕈油，伴腌豆腐或切和面条，味道香隽。后者色白，茎甚细长可食，殊不易得，故甚名贵，味更鲜美。"可知两种蕈各有不同的烹饪方式，这一点也许只有本地人熟谙。其实在常熟一些酒家和寻常人家，都有烹制蕈油和有关蕈的菜肴的不同方法。如老字号"王四酒家"就有一道"虞山松树蕈"：鲜蕈洗净用开水氽烫，用冷水漂清待用。热锅入菜油，锅起青烟时端下放稍冷，投入香料、葱节、姜片炝锅，随后下蕈爆烧，再上炉灶，加入酱油、盐、糖等即可出锅。如此烧出的蕈口感鲜嫩，清香透明，如果不明告是菌类，恐怕食客多以为是荤菜。此菜已被列入"中国名菜谱"，可见小小一朵菌，也有机会登上美食界最高榜单。大家不妨试试吧。

蒜香几何？

　　每到过新年时，我总是会想起一股蒜香。是的，不是肉香，不是鱼虾之香，也不是果香和花香，而是蒜香。

　　我们那里虽不是齐鲁大地，但也是四季飘着蒜香，过年的时候，可谓无蒜不成席。凉拌菜要放蒜，红烧鱼要放蒜，空口喝酒也可以就着淡香蒜瓣。我的父母在我小时候可能比较宠我，就给我认了干爸、干妈，小时候几乎每年的春节我都是在干爸干妈家过，他们对我如同亲生，有时我与干哥哥吵架了，他们总是训斥哥哥应该让着弟弟。他们在我人生的道路上给予我的帮助使我深感幸运，其间多少恩情难以为报，惟有铭记在心。不夸张地说，我之所以对吃有点兴趣也是受益于他们。干爸算是一位美食家，东南西北地走动，尝遍了各种滋味。干妈则是烹饪的行家，酸甜苦辣都有几样拿手的好菜。水晶肴肉、米粉蒸肉、卤猪蹄、羊肉白菜汤等，还有荤素饺子、糯米面汤圆等，都令人食后难忘。当然，最使我难忘的还是那一盘翡翠蒜瓣。

　　过年时节去各家拜年吃饺子喝酒时都不会少了一道蒜，有的是糖蒜，有的是蒜泥，有的是醋蒜。从进入腊月前，家家户户都开始做糖蒜，糖分、盐分、醋的多少不同，颜色的口味也不一。有的偏甜，有的偏酸，有的则偏辛辣，总之过大年吃大荤、喝辣酒若是少了蒜就像是炒菜没放盐。干妈做的翡翠蒜瓣好像都不属于这一类，它如同一朵奇葩出现在年节餐桌上。

同样是大蒜，同样是腌制，同样是手工制作，各家各户出来的腌蒜口味却是千差万别的。当然蒜也分有多个品种，如白皮蒜、紫皮蒜、独头蒜等。我一直觉得农家人在吃的方面是具有很高明的生存智慧的，如吃凉拌菜、凉拌面或者蒸菜就放一些蒜泥杀菌，同时也是增味开胃。如果家人出现腹泻就往灶膛里扔几头蒜，烧熟了剥开直接食用就能治疗腹泻。大蒜捣碎成泥还可以用于伤口消炎以及蚊虫叮咬。据说在早期的欧洲一些民众曾以一串大蒜代替十字架挂在脖子上，以用来祛病。这使我想到在中国南方的端午节，家家户户在门口悬挂大蒜驱虫辟邪。大蒜具有利尿、通便、发热御寒等医学功效据说最早是希腊人的发现。

作家大仲马尤其喜爱大蒜，还写过大蒜的文化史。他每年冬季都会去往温暖的普罗旺斯避寒，一路上能够吸引他的并非是薰衣草的芳香，而是健康活泼的大蒜香。据说在普罗旺斯，菜肴的最佳搭档就是大蒜和橄榄油的调味料香味。

有段时间我寄住在西安，朋友们常常带我出去吃馆子。我发现每到一店，桌上都会放着几头蒜。当地人就餐前一道工序就是剥蒜，一边聊天，一边把雪白的蒜瓣剥得精光，然后一粒粒丢进小碗里备用。那种悠然的神情从不担心饭菜什么时候上来，好像他们天生就是来剥蒜的，有的直接就着蒜瓣来几口啤酒或者面汤，看得人心里痒痒的，嘴里馋馋的。

由此我又想到了干妈腌的翡翠蒜，每次端上来时，都会让人多吃几块卤肉，多吃几个饺子，多喝几杯酒。那碧绿翠青的颜色透着光泽，似缅甸玉一样美，又像祖母绿一样魅。嚼在嘴里酸甜辛辣融为一体，可口又解腻。有一次客人好奇地提出疑问，到底是什么东西使白蒜如此翠绿？干妈笑而不答，秘而不宣。我是能够理解这种心情的，爱吃的人家都会有几样拿手的私房菜，或素或荤，或腌或卤，即使人家肯告诉你作料的秘方，你回去完全照着做，还是做不出那种令人神往的味道。所谓手艺，恐怕真的是"认手"的。每次干妈都会很有礼貌地说，你们要吃多少，我管够！

其实作为一道美味，你品尝到也就知足了。就好比一个老例子，你吃到一只美味的鸡蛋，又何必执着那只鸡蛋是如何生出来的呢？

后来我经过多方查询资料发现，这种绿色蒜在北方很早就盛行了，通常都是在腊月里腌制，因此又称"腊八蒜"。腌蒜时放入白糖和米醋，有的还要放入大葱段和少量的盐。放的米醋要漫过蒜瓣，然后封闭容器放在冰箱或避光寒冷的地方月把时间，再取出来蒜瓣基本就是绿色了。当然最后呈现的色泽和口味还是需要一定的经验和技巧的。反正我每年都是吃现成的，也就懒得费心思去学习制作了。而且这些年来，我从来没有见过哪一家做的腊八蒜在色彩和口味上能够胜于干妈的手艺。

又是一年新春到来，期待已久的翡翠蒜已经悄然发酵出了香气……

县城小吃

从小县城走出来的人记忆中无不附着几道令人终生难忘的小吃或点心。随着乡土小吃的回归，各种乡镇小吃也纷纷走出家门，把店开到了市区，乃至外市、外省。

最近苏州新出现了一家"插花牛肉汤"，连锁店到处开花，一位友人去尝了鲜之后说，没想到"插花"是个地名，可能她一直以为是一种烹饪手法。我对这个地名非常熟悉，因为每次从外面回老家都会经过那个小镇，而且一到插花便觉得离家不远了。插花实际上只是一个集市名称，我至今也不知道那里的牛肉粉丝汤为何出名，或许是因为那里饲养的黄牛比较多吧。

说到吾县太和的小吃，当首选羊肉板面。我印象中吃板面最有味的一次是与干哥一起。那时他们家在城郊处购买了一处宅基地（现在早已经成了闹市区），需要填土，暑假中我陪着我哥看工地，每来一车土就给一张凭据，最后依照凭据结账。午饭时，哥带着我去买烧饼，就是在桶炉里贴着烤出来的那种金黄色烧饼。我们拎着烧饼，端着板面，我记得还买了两瓶啤酒，回到工地，就地坐在一棵大树下，敞开肚子吃喝起来。焦黄的烧饼上撒着芝麻粒，又脆又香。板面有大拇指宽，手工拉制，非常筋道，用淡黄色搪瓷宽口碗盛着，油光的面汤里浮着匀称的四方形羊肉粒和艳红的油炸整辣椒。面汤里还卧着大菠菜，带着菜根的，鲜青碧绿，完全是靠面汤烫熟，菜根尚未熟透，一嚼甜丝丝的。把烧饼揉进面汤，味道简直赛过羊肉泡馍。那天我们哥俩烧饼就着板面，吃了个精光。年轻就是好，生冷不忌，辛辣也不忌，啤酒也干光了。酒足饭饱，好吃到打嗝，好一顿自在的午饭。

依稀记得我哥带着我吃过不少的乡镇小吃，旧县镇的麻糊汤、赵庙的烧饼、老街的撒汤等。说到这几种小吃，我就想到县城的早餐品种，小笼包子、蒸饺、红豆稀饭、油条、豆浆、胡辣汤、麻糊汤、烤烧饼、油炸烧饼等，品种极其丰富。这其中胡辣汤是很少在外地所见的，熬得香喷喷略显稠乎乎的汤里有切成细丝的豆腐皮、卤花生仁、海带丝、面筋丁、鸡蛋花、木耳、红薯粉丝、姜片、葱花、香菜等。如此丰富，浑然一体。汤的鲜香来自八角、桂皮、茴香等香料的熬制，又加入酱油、麻油。一笼蒸饺或是小笼包加一碗胡辣汤，吃得神清气爽，吃得浑身是汗，从头爽到脚后跟。不过这样的小吃也只能在县城感受到那种氛围。有段时间，干爸家给我邮寄了不少羊肉板面油料，饭店熬制好的那种，面条下好，直接加入即可，羊肉粒不少，作料也很够味，但怎么吃都吃不出那种乡土味道来。

这几年，吾县小吃又陆续增加了几道，如坟台丸子、鸡汤面叶、粉鸡汤等。坟台是县城东北部一个小镇，据说因楚国一位太子到此游玩而意外去世，并葬在此地，由此衍生了"坟台"这样一个地名。坟台为何特产丸子汤？我怀疑应与当地多种绿豆有关。早期乡村红白喜事、置办宴席很费脑筋，因为大家都不富有，物质匮乏，如何利用现有材料做菜就看农家厨师的智慧了。

丸子汤主要原料为绿豆，以石磨磨碎加入胡萝卜粒，合成丸子料下油锅炸制，大小如樱桃，焦黄光亮，可直接入口，也可入汤。入汤后加入豆腐、白菜、粉丝、豆芽、香菜等，汤为羊肉汤，如果愿意加十元钱可以有一份羊肉。汤味稍辛辣，那是胡椒粉的味道。

丸子汤的最佳搭档是烘烧饼。有的丸子汤店自带烧饼摊，有的是合作做买卖。烧饼外圈是鼓鼓的软包，中间部分则是薄薄一层的"硬片"。"硬片"部分特别适合泡在丸子汤里，蘸足了汤料的"硬片"夹起来松软可口。

坟台丸子吃上去有些沙沙的，毕竟绿豆面不如小麦粉或米粉那样润滑细腻，但就是这样沙沙的淳朴感觉给人以乡土气息。刚出锅的丸子汤中的丸子嚼起来酥酥的，松松的，加一点油炸辣酱会更加可口。要说丸子有什么特别营养，我并不知晓，但有些店面总是写着夸张的说法，有说什么丸子汤与某某皇帝有关，有说丸子汤可以防癌治病。这就有些不靠谱了。这也是很多地方小吃的"通病"，不过吃小吃会使人身心愉悦，情绪好了，当然身体也就健康了。

我们县城最近几年又流行一种家常小吃：粉鸡汤。这道菜每年过年时母亲都会做来待客。有的喜宴上也会出现这道菜，吾乡人又称为"滑肉"。我曾专门问过母亲，人们通常制作粉鸡到底用的是什么肉？母亲答什么肉都可以，猪肉、鸡肉。我意思是既然叫粉鸡就该是鸡肉才对。母亲说老早时是鸡皮，谁舍得用鸡肉呢！

粉鸡的做法很简单，肉切成小丁，外面裹上面粉、淀粉，下锅炸出来备用，粉鸡汤里放粉丝、豆芽、菠菜等。粉鸡看上去晶莹透明，吃起来嫩滑可口，如果配上地产荆芥头，就更是美味了。据说太和县三塔镇老孙家粉鸡汤最为够味，不过我还是比较喜欢去太和镜湖路党校附近那家好时机粉鸡汤店，用的是实实在在的鸡胸肉，原味鸡汤。还有各种卤鸡杂可以配餐，并有烙馍配酱豆，口味丰富，即使是我母亲也难做出那种县城小吃的味道。

　　说起吾县小吃，还有米粉蒸肉、各种蒸菜、叠咸馍、瓠子馍、撒汤等都值得写写。其中以撒汤的做法最为简单，只要在肉汤里冲个蛋花就行了，然后放香菜和麻油，香气扑鼻，与蒸饺或小笼包搭档，简直是完美。有关撒汤还曾有一个传说，说是乾隆下江南时经过太和县，饥肠辘辘时喝到了一碗这样的蛋汤，就问是什么汤，当地百姓面面相觑，互问"啥汤"。那么这个字怎么写呢？没有办法，就临时造了一个字，一边为"月"字，另一边是"天"字，然后又有一个"韭"字，于是就成了这个打不出来的字。我曾问过开锅贴店卖撒汤的好友，这个字叫什么，得到的回答是造出来的。当然，因为美食而造字的事情多了去了，毕竟要用一个字形容一种小吃，那简直是太难了！

小镇小吃

　　每个小镇似乎都有属于自己的小吃，就像是每一个人都有自己的灵魂一样。

　　最近小住上海近郊淀山湖赶稿子，抽空去周边几个小镇兜兜转转，除了淘旧货，就是觅小吃了。实话说，每个小镇上都有同样的烧烤和臭豆腐，但也还是保存着一些独具特色的小吃，尤其是江南一带的古镇。

　　先说说糕点。每个小镇都有自己的糕点。我在昆山市锦溪镇看到几种糕。"定胜糕"像是一锭银子的样式，据说是古代想要打仗凯旋、科举考试金榜题名都要吃的糕。定胜糕是锦溪特色的糯米粉糕，制作的功夫主要体现在揉粉环节，即在米粉里如何加料。白色是糯米，红色是因为加了红曲粉。定胜糕又叫"鼎盛糕""定升糕"，总之是吉祥的寓意。我记得抗战时期，清华校长梅贻琦的夫人还在云南卖过自制"定胜糕"贴补家用。

　　我特别喜欢这类糕点的模板，一般都用梨木板雕刻。虽然是民间食具，但是雕刻精美，制作讲究，现在人恐怕很难再如此用心雕琢了。

　　还有一种"圆盘糕"，看上去像是一朵盛开的大花卉，内嵌很多果仁和果肉，造型精巧。买回去可以像切月饼一样，切成小块，与家人友人一起分享。

另外还有酥软的松糕、凉凉的薄荷糕、放了青红丝的猪油糕。我还买到了一种神仙糕。苏州每到初夏都有"轧神仙"的节俗，就像是乡村的赶大集，很热闹。这种糕点有青色，有红色，切成菱形状，上面沾满了松仁，看起来就很诱人。

可惜的是，有一种鹅黄色的松花团子，据说都是在上午才卖。不过几天后我在苏州横街吃到了。

再说说"袜底酥"，有人说是因为南宋某位贵妃做酥饼，被皇帝发现误以为是袜底，由此定名"袜底酥"。这种酥饼，有甜的，有咸的，有白芝麻的，有黑芝麻的。制作这种面点主要是面要和得好。烘烤技术性很强，烘烤师傅要一直盯在炉膛，确保在黄金时间取出熟品，否则不是生了不酥，就是过头焦了泛黑。袜底酥要烘烤出金黄色的光泽，吃在嘴里发出簌簌的声响，直掉酥皮，这种小吃一定要趁热吃，放凉了味道就逊色很多了。

江南小镇上还有一种白糖熏青豆，味道也很特别，而且越嚼越香。这种食物和我老家的花生米或蚕豆米很不一样，尽管它也是下酒的好菜，但最好是衬江南的花雕酒，也就是陈年黄酒。这种青豆使我想到了鲁迅笔下的茴香豆，只不过孔乙己吃的是拿茴香熏制的蚕豆。这里的白糖熏青豆用的则是黄豆，在锦溪、千灯、周庄、金泽、震泽等镇上都有制作和销售。据说制作熏青豆最好使用"牛踏扁"的青毛豆，1873年《金溪小志》记载："熏青毛豆，原料质纯，制作精细，常青碧绿而沾名，镇上茶楼食品，庙会紧俏之馈赠礼品。"在震泽还有一种熏豆茶，也是滋味特别，且带着童年的温馨回忆。

熏青豆可以用来佐茶、伴酒，还是以前儿童零食的一种。越嚼越香，回味绵长，就像是我们的生活一样，慢慢地向前走着，慢慢地也就滋生出了回忆，那些回忆里更多的是一些美好画面。

古镇上还有一种肉食，猪蹄膀。自从周庄的"万三蹄"走红后，很多古镇也都推出了卤制的蹄膀。"万三蹄"是根据周庄的大财主沈万三命名的，跟"东坡肉"的命名方式类似。很多人想发财，就去买"万三蹄"沾沾财气。在那肚里油水尚不足的时候，大家可以买点解解馋，但现在各地都在卖蹄膀，什么"状元蹄""发财蹄"，看上去都是红红的，不知道是色素还是红曲。总之，我不太建议食用。想一想，当年沈万三的下场也并不算好。而且"万三蹄"一定要现做现吃，否则肯定要加入添加剂用来保鲜了。

在古镇上觅食，有些是大同小异的，如海棠糕、萝卜丝饼、酒酿饼等。但有些的确是有代表性的好吃美味，如周庄的阿婆菜，可以就粥吃，也可以炒肉或烧汤。还有震泽的酱鸭、青豆茶，乌镇的姑嫂饼。

黎里镇除了有油墩、套肠，还有辣鸡脚。辣鸡脚酸中带点甜，甜中带点辣，是黎里特产，现在已经有店面开到苏州市区了。

总之，江南小镇上还是有些朴素的小吃值得尝尝，我更推荐那些不大的小店，或者是当地人私家烹制，更具有品尝价值。

家常菜

现在人聚餐似乎不再刻意追求豪奢的满汉全席，或者海鲜大餐，就连风靡一时的自助餐也不是那么流行了。现在流行什么呢？家常菜。

是的，现在打着家常菜招牌的饭店越来越多了，且品种丰富，花样多多，苏帮家常菜、杭帮家常菜、苏北家常菜、川渝家常菜、海派家常菜等。

什么是家常菜？顾名思义，就是寻常人家的饮食，就是几乎每天都在餐桌上亮相或者说随着时令而更改的日常菜式。当然，当日常菜式进入饭馆，肯定会有所修饰，至少从颜值上要做一些改善。

早在二十多年前，苏州美食作家陆文夫为《不平常的家常菜点》作序时就提及："不要认为家常菜就是马马虎虎的'随粥便饭'，不对，苏州的家常菜不马虎，有名的苏州菜就是在苏州家常菜的基础上生发而成的。"

有名的苏州菜有哪些？松鼠鳜鱼、手剥虾仁、响油鳝糊、雪花蟹斗、清蒸白鱼、莼菜银鱼羹、香酥鸭、樱桃肉等，这些菜肴在苏州知名大饭店如"松鹤楼""得月楼""园外楼"都能吃到。这些菜的雏形或多或少都有着苏州家常菜的影子。须知，苏州菜的起点本身就不低，早在清中期的皇宫御膳房里就有苏州厨师的身影。一位叫张东官的苏州厨师，深得乾隆的欢喜，特地把他从苏州织造府带回北京御膳房，并任命他为御膳房第一主厨。张东官是有真本事的，一个人可以随时拿出上百道菜式，其代表菜式有苏造肉、苏造肘子。乾隆帝喜欢到处巡走，有时外出南巡、东巡时还要带着张东官，以随时侍奉膳食。张东官随驾烹饪饭菜二十多年，直到他古稀之年才被恩准退休回乡，由此可见乾隆帝对苏州菜的钟爱。"辛亥年"后，有位举人写诗："前朝忆，忆得出隆宗。苏造肉香麻饼热，炒肝肠烂杏茶浓。铺猷日初红。"

张东官善于做的菜有类似樱桃肉的苏造肉，有类似香酥鸭的五香鸭。苏帮菜从清代至今仍有传承，这其中恐怕就有家常菜的功劳。苏州过云楼后人、昆曲名家顾笃璜先生说，苏州最好的菜式不在饭店，而在家宴。须知，苏州的大户人家在吃的方面从来是不马虎的，有最好的家厨，有传统的菜式，有各家的特点。顾笃璜的高祖顾文彬在宁波就任时曾多次选择苏州厨子。

苏州厨师的高明之处不只是厨艺精湛，选材也是近乎苛刻的。有一次看《舌尖上的中国》，看到苏州画家叶放与美食家郑培凯为了一味"金齑玉脍"，曾多次往返太湖寻找一种野生的鱼种。这也是苏州人家的主妇（主夫）所注重的，既然要顾及选材，便会不惜工本。

陆文夫说："家常菜最大的特点不是以用料的高贵取胜，而是以选料和制作的精细见长。阿婆阿嫂到小菜场上去买菜，绝不是'捞到篮里就是菜'，而是要左挑右拣。"青菜、肉类、酱菜等不同种类都有着不同本质的区别。苏州人买菜就连菜场也是要挑选的，新建的菜场不一定会去，盘踞老城上百年的老菜场看上去有点破旧，却会吸引大批远道而来的苏州人。譬如要买野生的太湖鱼虾要去葑门横街菜场；要买新鲜蔬菜和卤菜可以去娄门菜场；要买好的糕团、面食可以去新民桥菜市场。原材料买回来后，处理也是一丝不苟的，如何切配，如何烹调，都要细模细样的。我以为苏州厨房的当家人，无论是男是女，是阿婆还是阿嫂，对刀功和火候的掌握都是颇为娴熟的。陆文夫说："制作高档的菜点往往是不惜工本，家常菜却是惜本不惜功，经济而又实惠，用平常的原料制作出不平常的菜点。"

我们进饭店点菜时可以发现，凡是有点贵的菜式基本上材质都不便宜，海虾、海蟹、海鱼、海参等都是价格不菲的，还有一些硬菜如脆皮烤鸭、烤乳猪、烤羊腿等价格也是很硬气的，而家常菜更多的是五花肉、豆腐、青菜、土豆、牛柳、鸡块、百叶等。我翻了下这本二十年前出版的《苏州家常菜点》发现，其中只有两味海鲜，凤爪煨海参和乳汁目鱼。但这两味菜我都不太喜欢。前者用鸡爪配海参，本身的搭配就有问题。刺参偏腥，鸡爪并不能去腥，且有人天生不喜欢吃鸡爪，认为此物不雅或不能入菜，反倒不如蔬菜类炖刺参，如西兰花、娃娃菜或者菌类都可以。而后者乳汁目鱼，以腐乳（苏州叫乳腐）烹目鱼，创意虽好，但我怀疑会引起串味，腐乳味异，单一食用还要放入麻油提香，海鱼本身则要烹饪出原有鲜味，加入腐乳可能会引起冲突，这道菜使我想到了皖南的臭鳜鱼。我以为家常菜应该是不出位、不意外、不异怪的味道，就像中国人的传统之道——中庸。前段时间我读叶弥老师的小说《风流图卷》里说："其实中庸之道，是最难的，中庸之道需要不偏不倚，冷静笃定，要有强大的力量才能做到。中国人缺少力量，所以一会儿左，一会儿右。"人说治大国如烹小鲜，家常菜诚如其理。

家常菜的原则即惜本不惜工，由此我想到了母亲制作的一道家常菜。青白大萝卜洗净、去皮，用刮擦工具制成萝卜末，用纱布挤去水分，待用。五花肉买来，去皮、洗净、切丁，再剁成肉糜。将两者拌匀，放进蛋清、葱末、姜末、盐、味精、酱油等，团成团子，大小如孩儿拳头，以菜油炸或入开水氽之。这道萝卜丸子颇似扬州狮子头，一般只有逢过年时才会如此费时操作，以充一道菜待客，用时以荤汤加白菜或小菠菜煮之。萝卜丸子软糯可口，老少咸宜，无论下酒还是下饭，都很相宜。

　　每到开春季节，我就开始想念周奶奶（合肥张家四姐妹的五弟媳）烹制的油焖笋。精选新年新笋，最好是浙西的山笋，刨去老根，剥开如汉白玉的鲜笋，滚刀切，不大不小，一口正好一块。油要用菜油，酱油要用苏州的生抽。油要多一些，锅要用铁锅，生笋先用开水焯一下，然后沥干水，入热油锅煸炒。此菜要点在于勤翻炒，不能加水，要确保笋块每个立面都能均匀受热和浸油。每当我想到年过八旬的周奶奶在那间低矮的小门房里不断翻炒着新春嫩笋，心里就会感到一种难言的温馨。油焖笋关键在于一个焖字，该用多少油？该焖多长时间？什么时候才能开始焖锅？这些都是口味成功与否的关键。笋块起锅后，周奶奶会把成品分成若干份，分别装进保鲜盒里，这是给小王的、这是给郑教授的、这是给老同学的……每次端起保鲜盒后，我都忍不住想抢先捏一块来尝尝鲜。先前乳白色的鲜笋已化身为一块块浅酱色的"红烧肉"，只不过"肉质"更为鲜脆，入口酱香。保鲜盒打开就是一股鲜亮的竹叶青香，香中带甜，甜中带鲜，鲜中含甘，口味极其丰富，无论佐酒还是下饭，都很相宜。有时就冲着这道油焖笋，我也要多吃一碗饭。在吃这道菜时，我常常会想到一句话，"宁可食无肉，不可居无竹"，竹子产笋，足矣。周奶奶还有一道拿手家常菜"十锦（香）菜"，也使人大开胃口。

　　不同的家庭会有不同的家常菜，因地制宜，就地取材，根据时令制作家常菜，则是苏州人的拿手戏，从开春就有"七头一脑"：马兰头、荠菜头、香椿头、苜蓿头、小蒜头、枸杞头、菊花脑。只是同样的食材，各家所做的味道也会有很大差异。

　　在我的家乡，出产香椿，唐朝时称为贡椿，可制成香椿炒鸡蛋、豆腐拌香椿、香椿烙饼等。此时节，下地挖荠菜最为相宜，碧青油绿的麦地里，开着蓝白小花的蚕豆地里，一片黄色金灿灿的油菜花地里，全都在暗暗较劲似的冒出了一株株荠菜，大的小的，肥的瘦的，带回去包饺子、包馄饨、炒年糕、炒鸡蛋、做汤、凉拌菜等，满口都是春天的味道，是那种家常菜的芬芳，是任何鱼肉大菜都无法比拟或替代的。相对大家闺秀，家常菜就是邻家小妹妹；相对高档饭店，家常菜就是外婆、祖母炒的时鲜小炒、私房小菜。吃的是浓淡相宜的普通菜式，咀嚼的却是淡淡的乡愁，还有浓得化不开的寻常情愫。

麦仁酵子秾子酒

又吃到了久违的麦仁酵子，不知其间已经相隔了多少年，久违的味道，久违的感觉，久违的叫卖声。母亲当时正在楼顶扫雪，赶紧喊住摊贩，丢下扫把，就奔下楼去。

母亲一手端着碗，一手摸索着在衣服口袋里找零钱，找了几枚硬币。摊贩是一位老大伯，骑着一辆三轮车，不大的车斗里放着四个大盆，车上扎着简易的雨棚，用来挡雪的。老大伯一手拎着秤杆，一手轻轻掀开木盆盖子。第一个盆是空的；第二个是凉粉，雪白雪白的，可以做炒凉粉；第三个盆里是秾子酒，圆圆的一圈，中间一个圆圆的小坑，颜色比凉粉还要白，一掀开盖子就是一股诱人的酒香。这就是俗称的酒酿，西安人称"醪糟"，叫卖出来的声音是"醪糟醅"，我们这里称为"秾子酒"。为了这个"秾"字，我查了《新华字典》，根据老家的乡音，我发现唯一合乎标准的就是这个"秾"了。字典里解释："小麦等植物的花外面包着的硬壳：内秾、外秾。"这里既可以引申为小麦，也可以引申为制造酒酿的稻谷。

老大伯继续掀开了第四个盆，是一盆出现了一个大缺口的麦仁酵子，看得出来已经卖了不少。我知道外面有各种的叫法，但我的家乡就叫——麦仁酵子。直白、形象、亲切。先说麦仁，我们上小学时就常常会偷着捋人家的小麦穗子，就在麦秆子略略泛黄，麦仁饱满但麦粒又不至于太干燥的时候，放在手心里一搓一揉，轻轻吹去鹅黄的麦糠，就能吃到甜丝丝的嫩麦仁。麦仁轻轻一咬，会出现一股奶白色的淡甜嫩汁，在味蕾匮乏的年代，这也是一种美好的零食滋味呢。如果拿回去炒一炒，或者在野火上烧一烧穗子，由此生麦仁变熟，那口味就更加绝妙了。我记得那时候我们常常拔了大麦穗子回来烧麦仁喂小鸡，小鸡也吃得很香。

再说回酵子。发酵，指微生物分解有机物质的过程。使有机物发酵的真菌是酵母菌。当麦仁遇到了酵母菌，麦仁看起来还是麦仁，但是其内里已发生了微妙的化学反应，酸的转甜，生涩的转为酸甜。而且经过充分发酵之后，麦仁一粒粒乐开了花儿，就像是玉米成了爆米花。吃到嘴里，酸酸甜甜，细嚼嚼还能咂摸出当年上小学偷捋麦穗吃的童年味道。

麦仁酵子可以直接入口，也可作为年节宴席做甜汤的主料，还有的直接作为主食食用。印象中，每年到了新麦产出时，家里就有人去村里公用的石臼处排队，等待臼麦仁。也就是将麦粒脱壳，然后拿回家浸泡，再进行发酵，自己做麦仁酵子。记得大夏天的时候食用这种乡村美食格外甜美开胃，老少咸宜，即使是不能饮酒的娃娃也能吃上一大碗呢。

再说回秫子酒，现在人吃汤圆必少不了这一味甜口。而以前家家户户都离不开它则是为了蒸馒头。要知道那时发酵粉还未普及，且并不受主妇们青睐。家里的孩子，每次在菜柜里发现秫子酒后，都不禁用小勺子偷吃几小口。母亲看到明显的缺口时就会嗔怪说："这是我发面用的，你们还想不想吃馍了！"那种口气就好像我们偷吃了老仙的灵丹妙药似的，至今难忘。

皇帝也爱喝奶茶

最近因为参与做茶的缘故，开始对茶叶市场有了一点点了解。那天和苏州一位制茶师聊天，说中国的茶叶市场首先因瓶装水的普及而受到一定的冲击，以前人们喜欢泡茶带出去喝，后来有了矿泉水、冰红茶、绿茶等瓶装水，人们随处都可以买到，自然也就懒得再去泡茶了。其次是受咖啡的冲击，随着星巴克的到处开花，国内的咖啡文化渐渐普及，喝咖啡成为一种小资情调，但是现在来看，咖啡市场也在渐渐走下坡路，就连星巴克也开始兼卖茶饮了。

那么现在最流行什么呢？奶茶。

奶茶不只是一种饮品，也是一种文化，香港最为流行奶茶，甚至在就餐时也以奶茶佐餐。

如今在内地，街头各种奶茶店的顾客都很多，不少人早晨、中午，甚至到晚上都可以喝奶茶。那天我从广播里听到一个信息说，奶茶不含奶但含茶，只不过肯定不是什么好茶，因为价格便宜，十几元钱一杯的奶茶，也只能是一般般的茶叶。不过现在人喝奶茶也就图个一时之乐，本就属于都市休闲文化的一种。很多人可能因此以为奶茶就是新近十几年流行的产物，或者是从英国漂洋过海的舶来品，其实早在清早期奶茶就是皇宫里流行的饮品了。

要追溯奶茶的历史，先要追溯茶的历史，至少在唐朝时茶饮就进入了宫廷和士族生活，在很多画作中都可以看到煎茶的场面。写出第一部茶书《茶经》的作者陆羽就生活在唐代，他被誉为"茶圣"，他的书被各地制茶师奉为"茶经"。在相当长的一段时间里，茶叶都是汉族人的饮品，少数民族甚至愿意用很多马匹换取汉人的茶叶。一些游牧民族能够喝到茶叶，应该感谢文成公主。因为唐朝为了边疆平安，把文成公主远嫁给了松赞干布。文成公主也把喝茶的习惯带去了塞外。

直至清朝，奶茶仍旧是宫廷里重要的饮料，不只是皇帝、皇后、嫔妃喝，遇到重大庆典和祭祀、宴席等，也会赏给王公大臣和外国使者。此时，奶茶不再只是普通的饮品，而是上升到了国家礼仪。

曾在《紫禁城》杂志上看过一篇文章称，"国不可一日无君，君不可一日无茶"，说的正是皇帝喝奶茶的礼仪，每日用膳前，御膳房要先供上奶茶，喝完奶茶才能正式用酒菜。那么供应奶茶的是哪个部门呢？美食作家唐鲁孙的说法是："奶子房。"唐鲁孙是满族镶红旗人，是珍妃的堂侄孙，从小出入宫廷，见多识广。他认为奶子房属于御膳房管，而御膳房则归属大名鼎鼎的内务府。

中国末代皇帝溥仪的弟弟溥杰应该说是王爷级的大人物，他娶的夫人是日本侯爵嵯峨公藤的孙女嵯峨浩。依据规矩，嵯峨浩跟着夫家姓氏，名为爱新觉罗·浩。她虽贵为王爷夫人，却对政治不感兴趣，而是热心学习厨艺。她的故事曾被拍摄成八集电视连续剧《爱新觉罗·浩》，她的最大贡献就是把清宫御膳房的166道菜点学习出来并写成著作，成为一本畅销的《食在宫廷》。按照她的说法，主理皇帝事务的最高机关内务府下掌管着一个重要的部门，就是御膳房。御膳房下又分为荤局、素局、挂炉局、点心局、饭局。以前总听人说"组织饭局"，还以为是个俗称，原来是皇家的一个御用机构。以个人的猜测，奶子房应该是在点心局下，因为在很多有关御膳房的记载中，皇帝用膳的点心供应中就有奶制品。

在爱新觉罗·浩的书中还刊发有溥仪时期御奶茶房茶役李英德的照片，宛平人，三十三岁，长相帅气，看上去硬朗结实，想必一定是调制奶茶的高手。

根据唐鲁孙的记忆，清宫奶子房的确是生产点心的部门，"奶子房最拿手的是果盒，真是金浆玉醴无美不备。奶品中有奶卷、奶饽饽、奶乌他、奶酪、炸酥螺、小炸食，豆类糕点有枣泥、核桃泥馅的豌豆黄、绿豆黄、黄豆卷、芸豆糕，此外各种蜜饯、各式冰糖蘸的坚果，那真是上方玉食，鹅黄衬紫，色香醉人。有些吃食是外间难得一见的，有些是外间虽有，可是比起奶子房制品精细可就没有法子相比啦。"

北京有个地名叫"奶子房"，还是944路公交车的一个站名。我有几次经过的时候都很好奇，为什么会有这样一个地名。后来才听说北京作为元大都的时候，蒙古人都喜欢喝马奶酒，此地负责养马供应马奶子，久而久之就留下了地名，据说到了清初时此地曾重建"奶子房"。根据民俗专家金受申的说法，大清在进关前就有"奶子房"这个机构了，而且一直是随军的，只不过此时的马奶变成了牛奶和羊奶。"最早的奶子房仅仅备牛羊奶茶、奶饽饽、奶饼儿几样东西。因为奶类吃食都是抗寒耐饥的营养食物，体积小又不占地方，所以奶子房最初是清军不可少的一个后勤补给单位。到了康熙年间海晏河清，奶子房花样增多，组织扩大，渐渐才演变成宫里制作精细奶类点心的大本营了。"

唐鲁孙回忆说，奶子房的点心有的是自己制作的，也有的来自盟旗王子朝贡。奶子房的果盒全都是精美的点心，每盒十六样，又分为全桌和半桌，皇帝有时也会赏给大臣果盒。唐鲁孙说："上赏如果是果盒，就是半桌也比赏一桌燕菜席实惠得多，因为样样都是平常不容易吃到的茶食。"由此可知，皇帝喝奶茶的点心是多么的美味和精致。

令人好奇的是，皇帝喝奶茶的茶叶都是什么品种？又来自哪里呢？《故宫文物月刊》的资料显示，其中有安徽的黄茶、云南的普洱茶、湖南安化的砖茶等。安徽黄茶当首选霍山的黄芽，产于皖西大别山区，是茶中精品。今年顾野王茶叶曾选碧螺春制作黄茶，其中工艺近似绿茶，只是在干燥过程的前或后，增加一道"闷黄"的工艺，促使其多酚、叶绿素等物质部分氧化。顾野王茶叶的"吴门黄芽"要闷足七十个小时，确保出色。

黄茶又称养生茶，具有提神醒脑、消除疲劳、消食化滞等功效，对脾胃很有好处。普洱茶和安化砖茶都是发酵茶，对人体都有一定的保健作用。这两种茶还都有一个优点，就是有利于存放。根据唐鲁孙的文章，清朝走入末路之后，宫廷的茶库有段时间出售名茶。那些好的绿茶因为水分较少，一碰就碎了；红茶则是结块发霉，根本无法饮用；倒是一些大理普洱茶和云南沱茶茶饼和茶砖，仍旧可以饮用，而且放一段时间后喝起来依旧是滋味芬芳，厚重柔炼。可知当年这些贡茶是经过特别精细加工的。

皇帝喝的奶茶除了有货真价实的好茶叶，还要加入奶油、牛奶、盐、水等，"细火熬煮，香醇味甘，是皇家贵族最喜爱的乳浆饮品"。

　　另有史料显示，清宫的御用茶叶主要从云南、福建、江苏等省份精选贡献，据说清宫年度茶叶消耗量高达一万四千斤，估计其中不少被拿来泡奶茶了。

　　当然，皇帝喝奶茶可不会塑料杯插上吸管，那个时代可没有塑料制品一说，奶茶也不会放什么"珍珠"。皇帝喝奶茶的器皿可以说都是顶级的艺术品，就连盛放奶茶的筒壶也是镶金嵌玉，錾花精美。康熙年间所用的奶茶碗有铜胎画珐琅花卉纹紫地茶碗、瓷胎画珐琅花卉纹红地茶碗，听上去就知道工艺复杂且做工精美，不要说喝奶茶了，就是喝点白开水都够赏心悦目的。

　　到了乾隆时期，奶茶碗的工艺更是繁复且精细。其中有一款"和阗（今称和田）白玉错金嵌宝石碗"，其材质是来自印度的珍贵玉种，这种玉质莹净温润，色如羊脂，轻薄如纸。据专家分析，其雕工可能也是外人巧手制作，一般的国内工匠恐怕难以仿制出来。上面不但有精美的花苞、花纹缀饰，还镌刻有御制诗作："酪浆煮牛乳，玉碗拟羊脂。御殿威仪赞，赐茶恩惠施。"在《御制诗》集里有注释："酪浆煮牛乳即奶茶。国家典礼御殿赐茶，所以示惠联情也。按奶茶即酪，说文酪乳浆也，释名酪泽也，乳作汁所以使人肥泽也。"

　　乾隆帝时期，凡是在太和殿举行典礼赐茶，多是使用进口玉质的玉碗或是出自新疆和田的玉茶碗。即使是在外出行，乾隆帝用的奶茶碗也不差，其中有一款便携式的"扎卜扎雅木奶茶碗"，不但拥有镀金卷草纹铁盒，还有御制诗的紫檀木盒相配，盒上有御诗："椀室飞龙铁铸形，草根为木韫仙灵。伊蒲法食常陈座，方物丹书亦贡庭。珍比华琳才出璞，绛如孔雀乍开屏。咸宾纵足昭文轨，尧舜还惭歠土铏。"乾隆帝还对这种出自西藏的特殊木材作注说，西藏出此木，能解诸毒，镂铁为室，为贡品中的珍品。

除了奶茶碗出自特殊木材，熬制和盛放奶茶的筒子壶也很有讲究。在清宫画家郎世宁的画作《弘历围猎聚餐图》中，即可见一种"金多穆壶奶茶桶"，造型有点类似僧帽，和西藏的酥油茶壶很接近，配饰有龙纹、镶嵌宝石，看上去极其贵气。画中的乾隆帝在打猎间隙安坐休息，等待用茶，一旁的三个侍卫正在用金多穆壶奶茶桶倒出奶茶，盛放奶茶的茶碗则是扎卜扎雅木奶茶碗。可以想象乾隆帝在围猎之余悠闲地享用着奶茶会是何种滋味。

这种奶茶壶和奶茶碗也常常会被用来赏赐给外来使臣或者西藏高僧。它们的价值当然不菲，2008 年，一对乾隆时期掐丝珐琅缠枝莲纹多穆壶在北京中贸圣佳春拍会上曾以 9072 万元人民币拍卖成交，创造了当时中国珐琅器拍卖的世界纪录。另有清御制金胎掐丝珐琅开光式画仕女花鸟图多穆壶，也以 5632.75 万港元在香港苏富比成交。

根据清代宫廷惯例，每逢新年或者重大庆典，皇帝都要在太和殿赐宴，文武百官或者外国使臣都会被邀请参加。在齐如山谈民俗的著作中曾记录有清朝皇帝于新年时在太和殿宴请文武百官的礼仪场景："尚茶总领进茶，丹陛清乐作，奏景运乾坤泰之章。皇帝进茶，王公以下俱就坐次行一叩头礼，坐。侍卫捧授王公以下诸臣茶，俱就坐次一叩头，饮毕，复一叩头，坐，乐止。"想必当时君臣喝的都是奶茶，要奏乐，要磕头，要行礼，看来那个时候作为大臣喝杯赏赐的奶茶也不容易。

另据《乾隆二年除夕大宴膳单》中记载，皇帝在除夕大宴，详细罗列着皇帝、皇子、皇后、贵妃如何喝奶茶的繁复礼节。

甚至内务府的资料显示，皇宫里每人的奶牛是有具体配额的，皇上是每日乳牛 100 头，皇后 25 头，皇贵妃 6 头……难怪后宫佳丽都要争取正宫的位置，否则连奶茶都喝得不尽兴了。

有一个说法是，乾隆帝之所以长寿活了 89 岁，其中一个因素就是喜欢喝奶茶。当然，他喝的奶茶都是特供货，一等一的精品，纯天然无添加剂，而且用的器皿也都是天价的御用品。如此身心愉悦，营养丰富，能不长寿吗？

后来，皇宫里的奶茶文化渐渐地走进了民间。尤其是清帝逊位，民国肇始之后，北京街头就出现了不少奶茶铺。唐鲁孙在很多年后还在怀念北京的奶茶文化，曾专门做一个梳理，说北京的酪分为水酪和干酪两种，都是以牛奶为主体，"干酪甘沁凝脂微带乳黄，隐含糟香，一般奶茶铺里喝的，大都是干酪了"。

根据唐鲁孙的回忆："民国初年，北京城里城外卖酪的奶茶铺大约有十几家，七七事变以后，就只剩下门框胡同的合顺兴，东安市场的丰盛公，西单牌楼的二合顺，和西华门的香蕾轩几家资本雄厚的奶茶铺，在那里咬牙苦撑了。"

如今，真可谓是风水轮流转，奶茶市场又回归了，而且是铺天盖地地强势回归，只是当初那些货真价实的奶茶铺还能回归吗？什么时候咱们也能尝尝三四百年前特供的那种奶茶呢？

附录

高邮那些老字号

　　读汪曾祺的小说或者散文，最不缺少的就是那些与日常非常贴近的老字号，卤菜店、小菜馆、面馆、烧饼铺、酱菜店、锡匠店、箍桶匠店、篾制品店、药店、南北货店、绸布店、当铺、浴池、车行等等。如今，很多店已经消失了，幸好，汪曾祺的作品还在，那些存在于他作品里的老字号则成为永恒的存在。

　　漫步于汪曾祺笔下的高邮老街，时常有一种用脚阅读人间大书的感觉。尤其是在偶然遇到了书里的相关店号时，不禁会产生一种错觉，那就是汪曾祺先生还在这里，还在他深深眷恋于心底深处的高邮老街。那些老字号已经牢牢刻印在他的心里，成为他作品里不可或缺的元素之一。

　　于是每每来到高邮，我最感兴趣的就是搜寻那些老字号的史料。我非常好奇的是，那些历经数百年的老字号到底是怎么消失的？它们消失的过程又是怎么样的？我相信，这也是汪曾祺先生很关心的话题。我时常流连于高邮的老街和古玩店，希望能有所收获。直到有一天在网上我看见有人在叫卖高邮老字号的史料，赶紧寻迹而去。可是等我找到人并愿意按照卖家价格要货时，对方却告诉我说，找不到了。

　　直到有一天我遇到了从事收藏业的陈先生，从他手中购了一部史料，可谓是大开眼界。这部有关高邮老字号的史料我翻了很久，至少我感觉翻了很久。我感觉我已经回到了旧时的高邮，时而是清末民初，时而是民国晚期。那些老字号历历在目，活生生地出现在了面前，还在红火地经营着。只是在这些档案里，它们都被定格了。二十世纪五十年代初期，它们都要经历一次大的"洗牌"，即公私合营。从此以后，它们的形象标识，它们的老印章，都将随着改换门庭而被改变了。那些业主的陈述和签字真是令人印象深刻，每一家老字号都是一部传奇，都是一篇未完的长篇小说。它们有的就曾活在汪曾祺的小说和散文里，有的还将倔强地活下去。

为了更好地展示这些高邮老字号史料，我决定在本书中附录它们的形象标识，以及简单的介绍，以佐证高邮商业上的辉煌，以及高邮人民曾经的生活水平。高邮人的生活是精致的，高邮老字号曾经是这座古城里的灵魂所在。它们有的已经完成了使命，有的则是换了一种方式继续服务于广大的高邮百姓。

在高邮名士杨如枏（汪曾祺母亲家即高邮杨氏，杨汝祐堂兄）有关老字号的记述中，曾专门写过"北市口"这个地方，其中牵涉的店号颇为丰富，不妨摘录其中的一些内容：

> 有句顺口溜，叫做"西门的水，东门的鬼，南门的神，北门的人"，说的是旧时高邮四门的景色。
>
> ……
>
> 出了高沟深垒的北城门（今香格里拉稍北），走过石桥不远，就来到一个十字路口，左边是现在的复兴街，右边是东台巷，南边有一座石头的过街牌坊，北边有座税务桥。以这个十字路口为中心的这一片地方都笼统地被叫做北市口。这里有全城最大的西药房"五洲大药房"和挂着泥金

对联"修合无人见，存心有天知"的万全堂，有鼎成南货店、开泰升鞋帽店（原鞋帽厂），有专营徽墨笔砚的陆玉山、经销纸张兼营印刷的松华堂，店堂里排列着淡青色巨瓮的志成酒店。十字路口以北，街西边的大东厨房，早晨是"皮包水"的茶馆，供应维扬细点、蟹黄大包、各式干丝、肴肉，早茶散后，则承办各式筵席，这里终日香气四溢，灯红酒绿，但也乞丐成群。"好爹爹，好奶奶，做做好事吧！一点不落虚空地啊！"

它对面的裕昌茶庄、嘉纶布店、大极升油面店就不那么喧闹了。裕昌的货架上静静地摆着一排排锃亮的大锡罐，红纸楷书标着龙井、珠兰、雀舌、大方、雨前等等，店堂里清香四溢。店伙们显得挺悠闲。不时，来了个手持鱼鼓简板唱"老渔翁，一钓竿"的盲艺人，或者吹着竹筒玩蛇的花子，这时连管账先生也暂时放下算盘，把毛笔往耳边一夹，靠在椅子上欣赏他们的表演，然后让伙伴撂几枚铜板在他们伸过来的破帽里。

入夜，裕昌店堂成了"南京佬"摆熏烧摊的地方。北市口附近卖熏烧的店和摊子有几十家，但谁家也比不上他生意好。在两盏"嗞嗞"作响的汽灯照耀下，南京佬系着围裙，飞快地在大砧板上切啊，剁啊，不消个把时辰，他案板上一大摞碧绿的干荷叶没有了；那些小肚子、大肥、素鸡、捆蹄、铁雀、冰羊，连同兰花干子、油爆虾也就卖了个干净。我总疑心《异秉》里人物的原型就是这个南京佬。

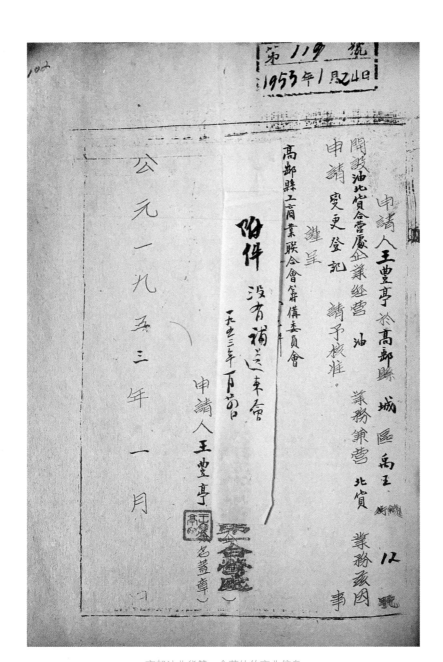

申請人王豐亭於高郵縣城區爲王蔚祥12號

開設油北貨合營屬企業經營油業務兼營北貨業務茲因

申請變更登記請予核准。

謹呈

高郵縣工商業聯合會籌備委員會

附件 沒有補送來會

一九五三年1月2日

申請人王豐亭（王豐亭名蓋章）

公元一九五三年一月

高郵油北货第一合营处的商业信息

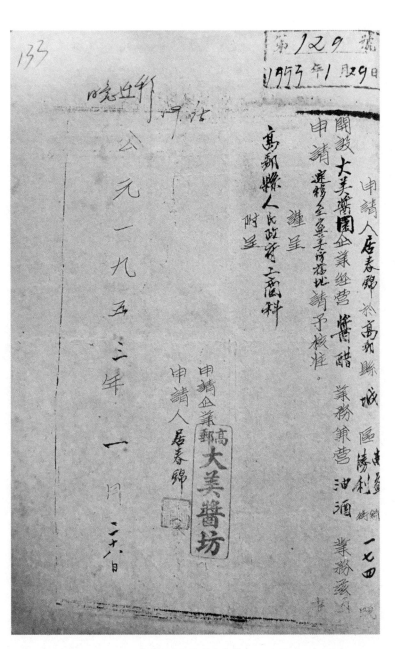

申請人居春錦於高郵縣城區勝利街一七四號

開設大美醬園企業經營醬醋業務策營油酒業務弦

申請遷移至營業行權此請予核准。

謹呈

高郵縣人民政府工商科

附呈

申請企業　高郵大美醬坊

申請人居春錦

公元一九五三年一月二十八日

高郵大美酱坊的商业信息

（以下

高郵縣人民政府通知稿　一九五　字第　　號
年　月

受文者：

一、一九五　年　月　日所送企業核准變更申請書已悉。

二、

通訊處：　　　年　月　日　號

調查情形	審核意見	決定

一九五三年十一月　　日

附件

企業戳記

申請人丁有才等

高郵合誼友記肉舖

高邮合谊友记肉铺的商业信息

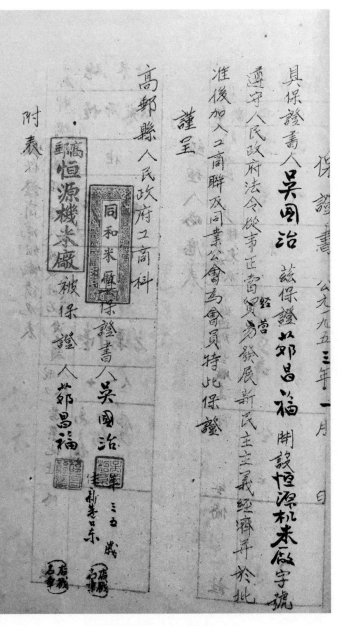

高邮恒源机米厂的商业信息

企業核准營業申請書

想經營的業務及種類範圍		（主營）加工
		（兼營）

起緣由

為了響應政府增加生產勵行節約的号召並在自願互利的基礎上將原有三家工人米廠（聚大、民生、復新）合併為一廠以鞏固生產自救保障各工友生活的安全，

資本額

共計人民幣伍佰玖佰零叁萬叁仟元

固定資本 叁仟伍佰柒拾萬元

流動資本 壹佰玖佰卅肆萬叁仟叁佰元

集資方法附件 工人合資

申請人 姓名	年齡	籍貫簡歷往所電話蓋雙章
黃德懷	四四	江蘇海安 民生米廠經理
金甬富	三七	江蘇高郵 聚大米廠經理 同右
胡稿禮	三一	江蘇高郵 復新米廠經理 〃〃

一九五三年 十二 月 七 日

預計籌備完成日期

擬用人缼業人數
擬用多少職工 計卅八人

（印章）高郵聯合工人米廠

收文日期 195 年 月 日 編號 字第

（一）

（希申請人先看後面說明再行填寫）

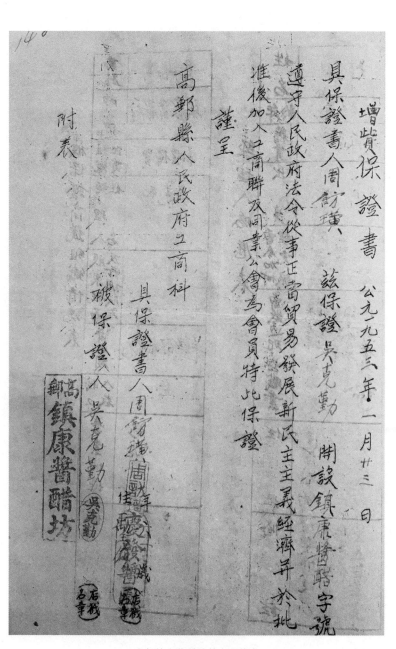

附件

企業戳記　勤生服裝

申請人　周技生

調查情形	審核意見	決定

一九五三年　十　月

五

高郵縣人民政府通知稿　一九五　年　月　字第　　號

受文者：

通訊處：

一、一九五　年　月　日所送企業核准變更申請書已悉。

二、

高邮勤生服装号的商业信息

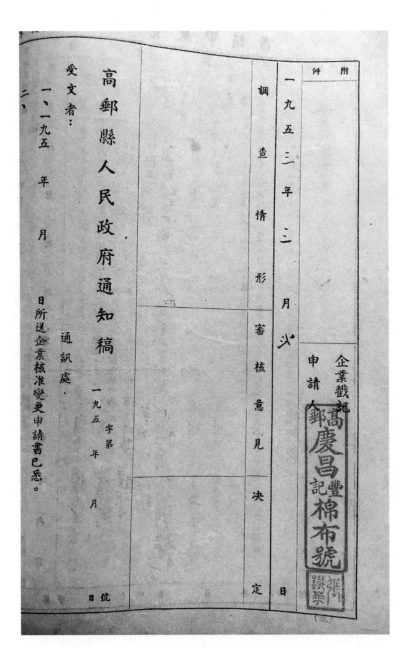

附件

一九五二年二月头

調查情形 審核意見 決定
日

企業戳記

申請人

高郵慶昌豐記棉布號

高郵縣人民政府通知稿

一九五 字第 月

通訊處.

受文者：

一、一九五 年 月 日所送企業核准變更申請書已悉。

二、

號日

高邮庆昌丰记棉布号的商业信息

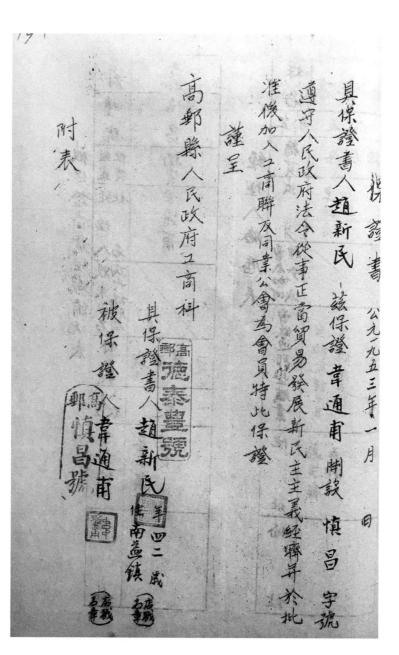

保證書　公元一九五三年一月　日

具保證書人趙新民　茲保證韋通甫開設慎昌字號

遵守人民政府法令從事正當貿易發展新民主主義經濟并於批

准後加入工商聯及同業公會為會員特此保證

謹呈

高郵縣人民政府工商科

具保證書人　趙新民　年四二歲　住南益鎮

被保證人　韋通甫

附表

高郵慎昌号的商业信息，并有具保人高郵德泰丰号的信息

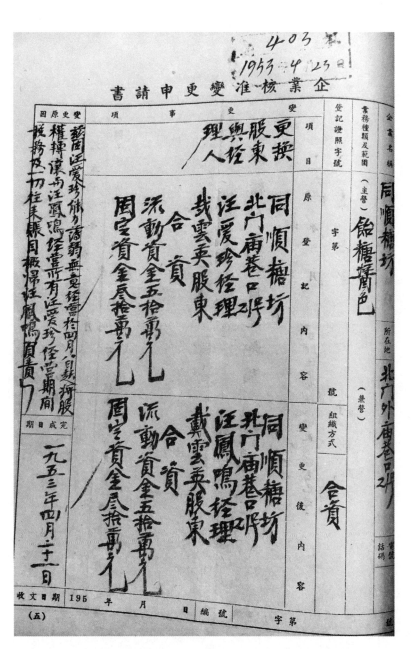

企業核准變更申請書

變更事項		登記證照字號	業務種類及範圍	企業名稱
變更原因	更換股東與經理人	字第 號	（主營）飴糖雜貨色	同順糖坊

項目	原登記內容	變更後內容
	同順糖坊 北門南巷口之八 汪愛珍經理 戴雲英股東 周雲貞合資 流動資金五拾萬元 周雲貞資金一拾萬元	同順糖坊 北門南巷口之八 汪鳳鳴經理 戴雲英股東 合資 流動資金五拾萬元 周雲貞資金一拾萬元

完成日期 一九五三年四月二十日

收文日期 195 年 月 日 編號 字第

高邮同顺糖坊的商业详细信息，经理姓汪，或许与汪曾祺有些亲戚关系

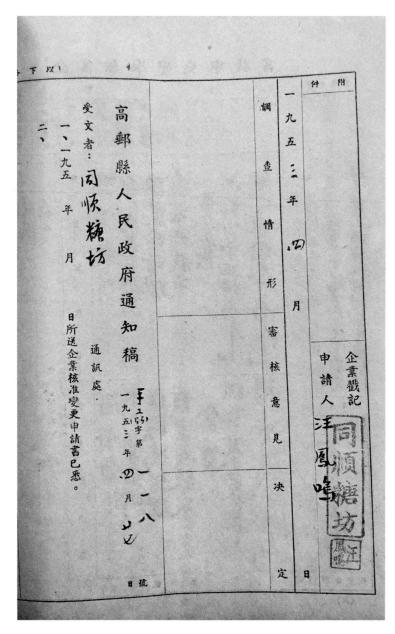

受文者：同順糖坊

高郵縣人民政府通知稿

　　　　　通訊處：

一九五三年四月

調查情形　審核意見　決　定

企業戳記

申請人　汪鳳鳴

工字第 一一八

一九五三年四月

二、

一、一九五三年　月

日所送企業核准變更申請書已悉。

日　號

高郵同順糖坊的商业信息，汪曾祺作品中常有糖坊事宜

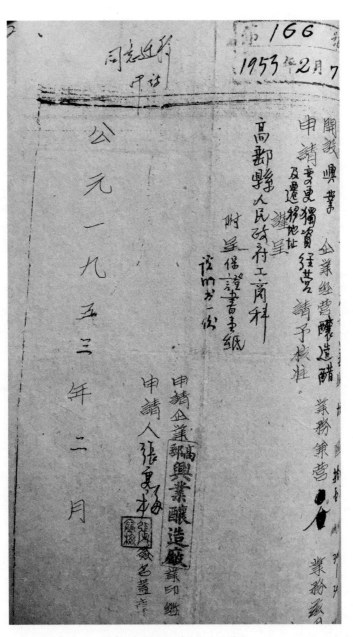

開設興業企業經營釀造醋業務兼營……業務兼營……

申請事之更獨資經營請予核准。

及遷移地址 謹呈

高郵縣人民政府工商科

附呈保證書書壹紙

謹附書一份

申請企業 高郵興業釀造廠 業印鑑

申請人 張××× 私名蓋章

公元一九五三年二月

高邮兴业酿造厂的商业变更信息

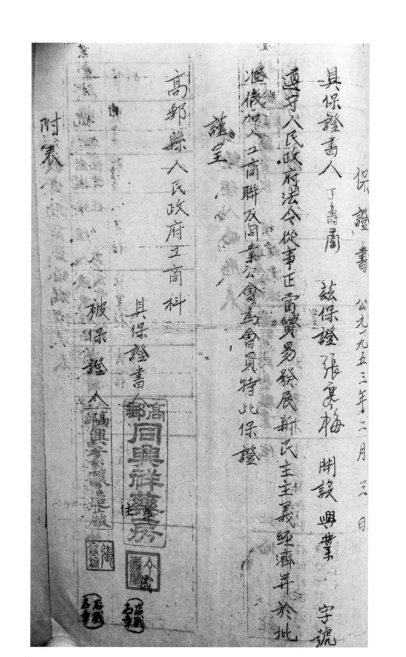

保　證　書　公元一九五三年二月三日

具保證書人　丁壽闓　茲保證　張寒梅　開設興業　字號

遵守人民政府法令從事正當貿易發展新民主主義經濟并於此

進後加入工商聯及同業公會為會員特此保證

謹呈

高郵縣人民政府工商科

　　　　　具保證書人

被保證人

附表

高郵兴业酿造厂的商业信息，并有具保证人高郵同兴祥药房的商业信息

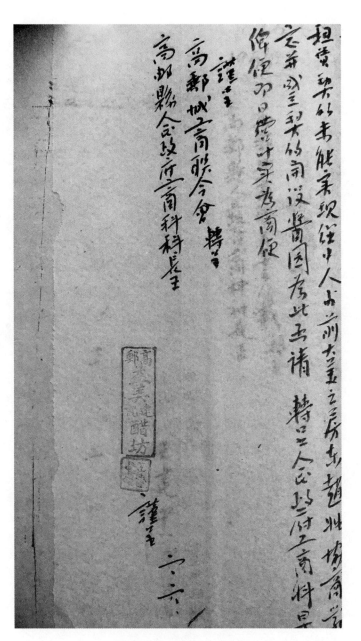

担责染的未能亲现往中人本前大二五之三房东赵兆烂商号

定并盖章契约的南没贵号为此玉请 将口之人民政府工商科科长

俗便加日营计买为商使

谨呈

高邮城工商联合会 转呈

高邮县人民政府工商科科长

〔印：高邮益美达记醋坊〕

谨呈

六、六

高邮益美达记醋坊的商业信息

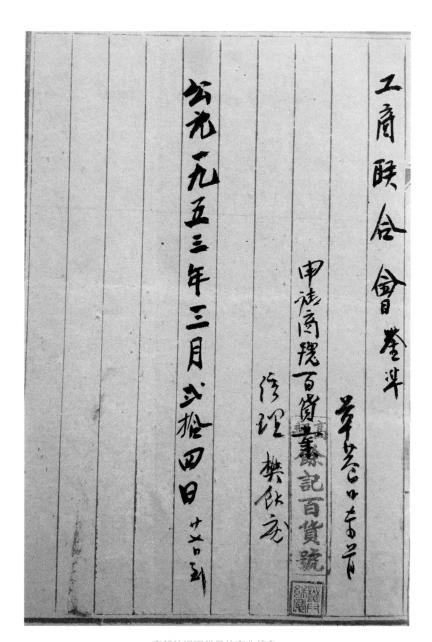

工商聯合會登半

申请商提百货

高郵豪記百货號

修理 樊欣彦

公元一九五三年三月武拾四日

高邮餘记百货号的商业信息

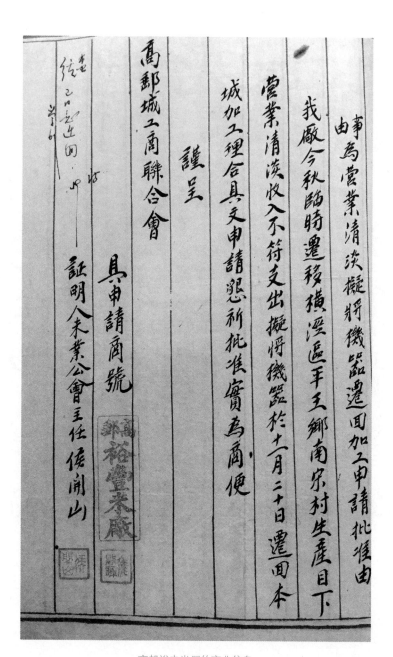

由為營業清淡擬將機器遷回加工申請批准由

事為營業清淡擬將機器遷回加工申請批准由

我厰今秋臨時遷移橫涇區平王鄉南宋村生產目下

營業清淡收入不符支出擬將機器於十月三十日遷回本

城加工理合具文申請懇祈批准實為商便

謹呈

高郵城工商聯合會

具申請商號

証明人米業公會主任侯開山

高郵裕丰米厂的商业信息

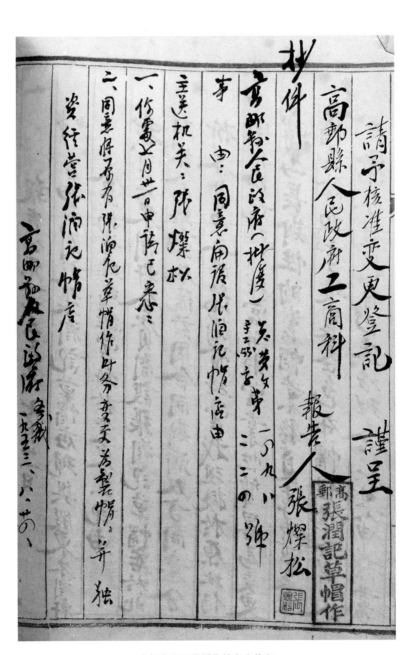

高郵张润记草帽作的商业信息

附件

企業戳記

申請人 張福龍

一九五三年 十一月

調查情形　審核意見　決定

日

高郵縣人民政府通知稿 一九五 字第 月 號

受文者：

通訊處：

一、一九五 年 月 日所送企業核准變更申請書已悉。

二、

高邮张同兴肉铺的商业信息

后记

早在元代，马可·波罗远渡重洋来到中土，他在《马可·波罗游记》中写道：高邮城市很大，很繁华。民以经商和手艺为主。养生必需品俱极丰富，产鱼尤多。

真是极为佩服这位意大利旅行家对于高邮的观察和定位。这位远道来客说得太对了。高邮不只是一座商城，更是一座美食之城和养生之城。

我多次说过，我的美食写作起源于两位作家，两位扬州籍作家，陆文夫（泰州早期隶属扬州）、汪曾祺。陆文夫是因为小说中的美食知名，而汪曾祺则是实打实地写美食，而且还身体力行地践行美食之道。

我读汪朗先生的文章（文史学者赵珩先生写过，汪朗也是会吃会写的美食家），说父亲是"误打误撞成了美食家"："爸爸不但食性很杂，还会做上几样拿手菜，在一些朋友中间有点小名气。他的厨艺和画画一样，属于自学成才，不像一些行家，经过名厨的指点。"

但是汪曾祺对于烹饪却颇富有创意。根据汪朗的回忆，他们家搬到虎坊桥后，每逢年节，爱好逛菜场的父亲还常常发动他们全员出动，去排队买菜（因为要凭票）："见到什么买什么，猪肚、腰子、水发蹄膀、墨斗鱼、玉兰片……杂七杂八凑起来一炖，喷香。他说这道大杂烩有说道，叫全家福。除此之外，他还把山药、土豆、荸荠、胡萝卜、小油菜、蘑菇等掺和在一起同烧，红红绿绿的挺好看，这也是说道，叫罗汉斋。"

我记得汪曾祺曾经说过，做菜也要敢于突破和创新。我不知道同时代如此身体力行倡导美食之道的作家还有哪一位。

据说在老一辈作家队伍里，善于做菜的还有一位，那就是林斤澜。林斤澜与汪曾祺是一对好哥们儿，林斤澜说他是"食美家"，汪曾祺才是美食家。

邓友梅曾对这对文坛好兄弟有过绝妙的描述。但我更关注的是邓友梅笔下汪曾祺对研究美食如此上心、如此执着的场景。他早期常去汪家串门，赶上做饭时就看到汪曾祺在围着炉子忙活：

　　五一年冬天一个星期日，我逛完王府井到东单三条曾祺家喝茶歇脚，一进门就闻到满屋酱豆腐味。炉子封着，炉盖上坐着小砂锅，隔几秒钟小砂锅"噗"地一响。我问他："大冷的天怎么还封炉子？"他说："做酱豆腐肉，按说晚上封了火坐上砂锅好，可我怕煤气中毒，改为白天。午饭吃不上了，得晚饭才能炖烂。"我歇够腿告辞，走到院里碰上九王多尔衮的后裔金寄水。闲聊中我说到曾祺怎样炖酱豆腐肉。寄水摇头说："他没请教我，这道菜怎能在炉子上炖呢？"我问："在哪儿炖？"他说："当年在王府里我见过厨子做这个菜。厨房地下支个铁架子，铁架子底下放盏王八灯。砂锅的锅盖四边要毛头纸糊严，放在铁架上，这菜要二更天开炖，点着王八灯，厨子就睡觉了，灯里油添满，第二天中午开饭时启锅……"他说王八灯是铁铸的油灯，黑色，扁圆形，有五根芯管，看着像王八。第二天上班，我问曾祺酱豆腐肉味道如何，他没说好坏，只说"还得试"！后来我在他家吃过两次"酱豆腐肉"。两次味道、颜色都不尽相同，看来整个五十年代都还没定稿。

当然，我也喜欢铁凝对汪曾祺的描述："一个通身洋溢着人间烟火气的真性情的作家，方能赢得读者发自内心亲敬交加的感情。这又何尝不是一种境界呢？能达此境界的作家为数不多，汪老当是这少数人之一。"

在文中铁凝还举例为证说，汪曾祺在下放地河北小县的草原不但没有丧失对写作的热爱，还对美食保存着持续的热爱。说他有一天在草原采到一朵大蘑菇，他把它带回宿舍精心晾干藏起来，等着过年时回北京与家人短暂团聚时，他把这朵大蘑菇背回家，并亲手为家人烹制了一碗极其鲜美的蘑菇汤。相信那碗汤，会给汪家人带来极其意外的惊喜和长久的美好回忆。铁凝写作此文时，汪曾祺已经去世十三年，但他依托美食"相信生活，相信爱"的信念仍旧持续感染着广大读者们。据苏北兄的文章说，何镇邦对他转述，《铁凝印象》是汪曾祺的绝笔。汪先生在文章的最后写道："我很希望能和铁凝相处一段时间，仔仔细细读一遍她的全部作品，好好地写一写她……"汪老待人总是这样的认真和真诚。

作家王安忆也曾因为汪曾祺的缘故自行去过水乡高邮，她去的那一年是 2008 年，"高邮尚未开发旅游，风物人情保持着淳朴。高邮湖一派古意，水面浩渺，夕阳下波光如丝"。如今，十一年光阴过去了，我感觉到的高邮仍是如此的淳朴，如此的自然。

王安忆写道："文游台楼阁上有汪老的留墨：'稼禾尽观'。不是沧海尽观，亦不是天下尽观，而是'稼禾'。汪老眼睛里的景色终也脱不去人和人的生计，'稼禾'为万千生计之根本。"

许多文友描述的汪曾祺先生大多与酒宴有关，李辉兄却极力"撺掇"汪曾祺写一本《释迦牟尼传》，虽然汪老当时有些不情愿，但还是拿出了作品，使得我们能够有幸多收获一本汪老的著作，可谓幸焉。因此我在拜读这本书时，很是感谢李辉的执着；同时更为李辉在"金蔷薇随笔文丛"收录汪老著作时作的短跋所感动："酒至微醺状态，他（汪曾祺）会变得尤为可爱，散淡与幽默天然合成。他的文章从不雕琢，如清风一样轻盈飘逸，读起来更让人陶醉。他不仅仅表现出一个小说家的才能，用炉火纯青的白描，描绘人与景；他也是一个学问家，散淡的文字背后，扑面而来的是浓郁的文化气息。"

每次读别人写汪曾祺的文章时，我都会联想到汪老写他父亲的文章，那个体育特长生，喜欢书法、篆刻、收藏等，并善于美食之道的绅士，到底是怎样的一位人物？非常使我好奇，不觉间这位绅士今年正好逝世（1959 年 3 月）一个甲子了。记得有文章描述当时汪曾祺远在千里之外的下放地手捧电报，泪流满面……后来我亲耳听汪老的妹妹说哥哥因无法回来尽孝而感到郁闷，他唯一能做的就是寄一笔钱回来。他的工资被下降后，只剩下了 105 元，但他还是会从中给高邮老家的继母和兄妹寄来 40 元，以帮助他们勉强吃上饭。毕竟，活命才是天大的事情。

"年年岁岁一床书，弄笔晴窗且自娱。更有一般堪笑处，六平方米作郇厨。"这是我个人最喜欢的汪老的一首诗。汪曾祺乐于美食并不是追求生活的奢侈，反倒是素朴生活的具象体现。我前段时间特地去拜访文史名家、美食家赵珩先生，听他谈汪曾祺和汪朗对于美食的热爱，也不过都是寻常的家常菜点，更多体现的则是一种对待生活热爱的积极态度。

这也是促使我斗胆作这本集子的动力所在。此书能够得以呈现我当感谢一大批好友，作家王树兴兄曾给予鼓励并积极提供相关史料；杨汝祐先生、任俊梅女士则带着我实地采访并提供美好的饮食；汪朗先生的言语鼓励、汪家亲属的大力相助和热情接待；苏北兄的口述实录和图片提供；李辉先生、陈子善先生的一再相助；杨早兄、李建新兄的随时解疑答惑；还有孙小宁、绿茶、徐强、濮颖、边城书店王军等友人的支持和帮助。

因为汪曾祺，我对高邮这座城市产生了极大的兴趣和热情。这本小书或许只是我走进这座美丽城市的开始，相信以后我会常常来的，仅仅是因为这里的美食，那些饱含着淳朴人情味的美食。

王　道

己亥年深秋于金鸡湖畔